順丰，不只快遞!!

NOT JUST ~~EXPRESS~~

王衛與他火速崛起的物流帝國

RUSSIA

USA

JAPAN

SOUTH KOREA

CANTON

HONG KONG

TAIWAN

MALAYSIA

SINGAPORE

AUSTRALIA

推薦序

王衛是個非常有判斷力的人，他很會抓機會、看得比別人遠，順豐幾次的變革都與他有著必然的聯繫。

王衛的每一筆錢花在什麼地方，他自有分寸，據我瞭解，他也是做了市場調查反覆論證的。順豐開會就是吃便當，成本核算得很好。國有公司的成本核算像吃中餐，誰吃了哪個菜吃了多少都不清楚；王衛的企業管理像吃西餐，誰的盤子裡有多少、吃了多少，都一清二楚。

—— 中國快遞協會副會長達瓦

物流企業的發展，中國快遞企業的發展就在於它的標準化，這也是現在大部分物流企業最大的問題。所以在順豐成功的原因中，最重要的就是服務的標準。一開始它就建立了直營的形式，一開始定的標準就比較高，儘管現在看它的價格是最貴的，但是它服務也是最好的。

—— 中國國際物流節組委會副祕書長伍華

現在，順豐的收派員和企業是分配關係，不是勞務上下級關係。這就是王衛聰明的地方，當年收權，他沒有全收。當時是加盟老闆不聽話，他把老闆收了，老闆底下的員工我就容忍你，只要你聽我話就行了，歪打正著了。

—— 原宅急送總裁陳平

　　我想要放下。我這個歲數，身體才是第一，我不想那麼累。我也不理解王衛為什麼要把自己搞得那麼累。前幾天我在廣州開會還見到他，他看起來很憔悴，聽說他喝很多中藥。

——申通快遞有限公司董事長陳德軍

　　順豐一定會成為中國的聯邦快遞（FedEx）。這是不可避免的，你想阻止也阻止不了。它 10 年之內會買 100 架飛機，全中國機場周圍的地他也占得差不多了。光這兩樣，已經沒有第二家能跟他比了。

——一位順豐的供應商

　　王衛都如此低調，我們最好不要出來拋頭露面。出來說多了，不管是經驗還是困難，但最終的壓力會施加到公司內部，與其這樣，不如腳踏實地地幹，這樣心裡踏實。

——順豐高層談低調

　　本來打算幹兩個月就走人的，可是看了這些文章（王衛在順豐內部發的論文），我打算在順豐待下來。我覺得老闆是個幹大事的人。

——2003 年到順豐打工的大學生，現為順豐北京區營運部門
高級經理

序 言

尋找王衛

這是一個最好的時代，也是一個最壞的時代。2013 年 11 月 11 日，當數以億計的網購熱情爆棚集體狂歡的時候，成千上萬的快遞員卻不眠不休地背負著 350 億訂單穿梭在街道樓宇之間。一年一度的「雙十一」，在這巨額經濟資料中絕對少不了「快遞爆倉」、「粗暴分揀」的字眼，當然還有無數網民的「望穿秋水」。

而今年似乎又不同以往。一直以「高富快」著稱的物流界大佬 —— 順豐速運 —— 此次選擇放低姿態，推出親民的「電子商務特惠」。這一舉動似乎讓狂歡背後少了許多嘈雜的「怨聲載道」。11 日早上 7 點 25 分，下單未滿八個小時，順豐成功將一部小米手機送到用戶手中。為了提升配送服務體驗，淘寶 TOP6 之內的電子商務們不約而同地選擇了順豐速運。寶尊電子商務負責人坦言：「順豐的批量發件服務至少將我們的發貨效率提高了二倍。」順豐公關部聲稱，快件的分揀、掃瞄、裝車等工作在十分鐘內就能完成，順豐戰鬥力可見一斑。

然而，順豐的驚人不止於此。少有人知的是，直接面對員工人數十萬、銷售額高達二百億，市場占有率僅次於中國郵政的順豐，其掌門人王衛，只是淡淡地說了句：「因緣際

會吧。」或許，對於每一個含辛茹苦的父親而言，當目睹自己的孩子站在聚光燈下熠熠發光的時候，所能做的全部便是隱藏於陰影中拍手叫好。但是，王衛顯然是一個更加低調的父親。當入選「2012 年中國經濟年度人物」之時，他甚至沒有給媒體提供任何的採訪機會和影像資料。

順豐的低調和王衛如出一轍。提起 EMS（國際快捷服務），我們會不由自主地想起劉翔邁開雙腿奮力奔跑的場景；提起聯邦快遞，中國羽毛球隊的集體出鏡會立刻浮現在我們的腦海中。但是，提起順豐，搜索全部，依然是一片空白，以至於會懷疑自己的打開方式出了問題。

縱然如此，卻依然掩蓋不了順豐在物流界的強大氣場。「雙十一」的繁榮背後，中國民營快遞企業惴惴不安。一面是與日俱減的利潤空間，一面是電子商務大亨的強勢介入，一面是國際快遞巨頭的蠢蠢欲動，物流界似乎走上了一條不歸路。馬雲曾公開表示：「十年以後最成功的物流公司一定不是今天排在前十名的。」這似乎預示著物流行業的重新洗牌。而業界專業人士更是聲稱，根據美國的經驗，未來只會有五家物流公司生存下來。但是，幾乎所有人都深信，順豐一定身在其中。

順豐的魔力到底在哪裡？顯然，對於這個問題，王衛只會緘默不語。不管是面對媒體的圍堵還是私募股權投資的追逐，他都堅持將沉默進行到底。今年 8 月 19 日，順豐速運集團邁出了「顛覆性」的一步，宣布將其旗下不超過 25% 的股

份出讓給貼著「國字型大小」標籤的蘇州元禾控股、招商局集團和中信資本。「不上市」的順豐正式成為「國家隊」的一員。這一融資消息引發眾人的無限遐想，王衛無疑成為物流舞臺的聚焦中心。一如既往，他依然沒有露面，也婉拒了媒體的採訪，他的理由是：「確實不知道說什麼。」看來，王衛是鐵定心思要做快遞界的「獨孤求敗」了。

王衛，一個讓媒體趨之若鶩卻始終用不上底片的企業舵手，一個一舉一動都會引發同行關注又讓人心存敬意的強大對手，一個在同事眼裡始終如一地堅持和專注的領導者，一個讓奮鬥中的年輕人能汲取正能量的創業榜樣，他的過去、當下和未來都和外界隔著一層紙，江湖上能見聞高手出招的勁雄力道，卻不見高手匆匆來去的背影。其實，有招和無招之間，可聽其聲，聞其言，觀其行，表像雖迷，能照見水中萬千蟲。

序 言

目 錄

第三章　最好的服務，內生而外化

Part 2　瘋長整合：懷菩薩心，行霹靂法

第一章　戰略為王：順豐崛起的密碼

Part 3　跨界精進：回小向大，還破困境

第一章　航空關：財富要為服務讓路

第二章　零售關：越逼近答案的地方越迷離

第三章　電子商務關：事業群須隨勢繁衍

第二章　做順豐為了什麼

附錄

Part 1
草創時代：野草燎原，生息成勢

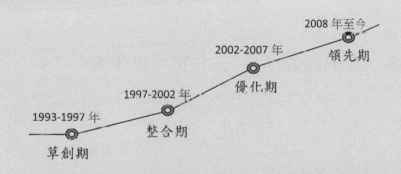

我信佛，我認為，人的成就和本事沒關係，成就與福報有關係，所以有錢沒什麼了不起，擁有本事也沒什麼了不起，賺到錢只是因緣際會而已。所以我認為，個人事業上的一些成績不值得渲染。低調點對於管理企業也有好處，沒員工認出你來，你才可以深入基層去瞭解最真實的情況。

——王衛

第一章
一個離我們很近又很遠的
物流創辦人

謎一樣的操盤手：心水靜，世象真

北京空港物流園的中央坐落著順豐速運的四層辦公大樓。這裡是順豐在整個華北地區的中轉場，全封閉式管理、不許外人入內。辦公大樓對面，是全球頂級的物流公司TNT，而在辦公大樓頂層的一個神祕房間，布滿了整齊劃一的黑白螢幕，監控著順豐的倉庫收發資訊、即時派件情況和車輛運行狀態。

黑色麵包小車烙著規規矩矩的白色「SF」遊走於各大城市的每一個角落，灰白的信件袋印著紅色點綴的黑色「SF」裹挾在行色匆匆的快遞員腋窩下。這樣的色彩呈現帶著公文般的保守與嚴肅，像在執行不為人知的機密任務。順豐速運，這樣一個位居中國快遞行業第一梯隊的民營企業，似乎除了它的首字母縮寫，人們對其一無所知，更不用提它的創辦人了。

正如順豐給人們帶來的直觀感受一樣，關於王衛的關鍵字裡，除了順豐速運集團總裁，絕對少不了「神祕」二字。

這個數十萬「工蟻」兵團的領軍人物，這個高中學歷的物流大佬，這個沉默寡言而為公益騎行天下的商界富豪，留給大眾的除了為數不多的幾次採訪以及順豐內刊《溝通》上的模糊側臉，剩下的只有空白。所以，幾乎每個人都在尋找他。香港狗仔蹲點守候只為一睹真容，投資人開價五十萬只為共進晚餐，花旗銀行豪擲一千萬只求一個機會，甚至連「創業教父」馬雲也多次約見。

　　然而，王衛和他的順豐大軍一如既往地低調。王衛從來不做廣告，順豐從來不請代言，以至於其在武漢布局陸運中心之時，沒有任何相關報導，甚至連政府部門也少有耳聞。最尷尬的是，當順豐已在深圳福田風生水起的時候，深圳市官員竟然還不知道當地存在這樣的行業龍頭，直到在國家郵政部會議上偶然獲悉。

　　屈指可數的幾次曝光中，這個衣著簡單樸素的男人有著典型的粵式面格：顴骨突出，臉龐瘦弱。中等個頭、中等身材、大眾平頭，這些隨處可見的外貌特徵讓王衛顯得毫不起眼，然而那雙冷峻審視的雙眼躍躍欲試，迫不及待地抗議宣示：這是一個有故事的男人。

　　或許，這只是粵商幫的集體名片 —— 其貌不揚、低調務實、吃苦耐勞，就像生長在溫潤、深廣大地上，一株株敏銳的含羞草，看似微小，卻是天氣變化的晴雨表。在廣東街頭，也許一個身著背心短褲，腳踩人字拖鞋，提著簡易塑膠袋的普通百姓就是胡潤榜上的超級富豪。「高調做事、低調

做人」的粵商幫似乎習慣隱身於世，這與「財不外露、樹大招風」的粵派文化不無相關。美的集團創辦人何享健奉行的是「只做不說、埋頭苦幹」，他極其低調，行蹤神祕，遠離公眾；立白集團董事長陳凱旋永遠衣著簡單樸素、生活節儉清淡；聚龍集團董事長梁伯強更是名不見經傳，但他的「指甲鉗」則是當之無愧的行業霸主，擁有全球第三的市場占有率，年銷售額突破人民幣 2 億元。

這樣的文化氣場不僅孕育了王衛的低調，同時也鑄造出他的獨特風骨——慎言。順豐創業之初，正是快遞巨頭和中國郵政的激戰期。而順豐當時的主要業務是檔案或者單據的派送，這對中國郵政來說無疑是一個不小的衝擊。為此，順豐沒少遭受追堵與搜查。不像其他快遞老總，王衛從來不爭辯，也不計較，只是默默地繳納罰金。據說，有一次順豐的罰款額高達 500 萬元。然而，王衛對內部員工如是說：沒有郵政，也就沒有順豐。有人說，這只是民營企業在夾縫中生存的可悲姿態。在中國郵政與快遞民營企業這部冗長的《湯姆貓與傑利鼠》劇集中，王衛不得不如此。

這位謎樣的中年男人在乎的不是金錢，亦不是出鏡，他擁有一種真正的專注，專注於物流，別無旁騖。王衛曾說：「同樣畫畫，有人一輩子為畫匠，有人卻是畫家。」毫無疑問，他要做的不僅僅是一名將二十一萬節點穿插在無序物流線條中的「畫匠」，更是一名擁有獨到戰略眼光、冷靜出擊的「畫家」。

王衛身上似乎充滿了矛盾：一個信奉佛教的人卻瘋狂愛好越野和極限運動；一個沉默寡言的人卻創辦出繪聲繪色的企業內刊，甚至僅僅用一篇言辭樸素的文章便打動了第一個加入順豐的大學生；一個億萬富翁卻將順豐千千萬萬的「機械戰警」視為「最可愛的人」。

也許正是這些「難以置信」成就了當年那個騎著摩托車穿梭於大街小巷的一線快遞員，也許正是這些「自相矛盾」打造出一個迅雷不及掩耳的順豐時速，也許正是這些「神祕面紗」凸顯出一個龐大物流軍團掌控者的專注。

憑什麼讓馬雲佩服

當一個平凡的收派員背著鼓鼓的快件包往返於深港之間的時候，一個小個子男人遠在千里之外的杭州電子科技大學擔任英語老師。誰也不會想到，他們一個成了快遞巨頭「順豐速運」的創辦人，一個成了電子商務龍頭「阿里巴巴」的控股者。王衛的深居簡出和馬雲的高調布道格格不入，然而物流與電子商務的水乳交融註定了他們之間不可避免的交鋒。

早在 2003 年的時候，馬雲就曾兩次在香港約見王衛，希望順豐能與阿里巴巴聯手。但是，當時的王衛忙於和申通、圓通等公司搶奪市場，一心只想在快遞民營企業中殺出重圍，根本無暇他顧。所以，王衛拒絕了馬雲的邀約。

2008 年，順豐的發展勢如破竹，市場占有率位居全中

國第二。為了進一步拓展業務範圍，王衛不得不重視越來越壯大的阿里巴巴。於是，他奔赴馬雲的基地杭州，希望能叩響雙方合作的大門。有趣的是，這次，王衛遭到了馬雲的拒絕。當然，馬雲此舉絕對不是出於報復，其實原因在於，一方面阿里巴巴的強大讓馬雲擁有足夠拒絕王衛的實力；另一方面，王衛的順德派模式並不符合馬雲的要求。

從拒絕、被拒絕，王衛和馬雲最後走向了競爭擂臺。2011 年，王衛開始將業務延伸到電子商務領域，採購、倉儲和配送一網打盡，而馬雲則聯合各大物流公司豪擲千金搭建中國智慧骨幹網（物流地網），成立菜鳥網路科技有限公司，企圖統率物流大軍。這足以讓業界旁觀者一身冷汗。

兩人的步調似乎驚人的一致。2013 年，馬雲將阿里巴巴 5% 的股份出讓給擁有國家投資背景的國開金融、中國投資有限公司、中信資本和博裕資本等。之後，一向「埋頭做事不願上市」的王衛宣布將順豐速運集團不超過 25% 的股份出讓給同是國企平臺的蘇州元禾控股、招商局集團、中信資本。這似乎與順豐一貫的保守謹慎作風大相逕庭，更是與王衛堅持獨立運營的理念背道而馳。但王衛有自己的態度：「不會為了上市而上市，為了集資而上市。」在他看來，此次融資完全是出於戰略性的考慮，只是為了更好地拓展業務和優化管理模式，並不是為了集資。這樣一來，在與馬雲的對抗中，王衛無疑擁有了一個全新的籌碼。

不過商業戰場上的針鋒相對並不妨礙兩人的惺惺相惜，

馬雲曾在公開場合表示，他最佩服的人是能管理十來萬員工的順豐老闆王衛。事實上，快遞遠遠不是收件、派件這麼簡單，快遞行業的管理難度是業界公認的。原宅急送總裁陳平說過：「管理快遞這個平臺的難度和複雜性，三天三夜都講不完。」而快遞物流諮詢網首席顧問徐勇更是斷言：「即使拿出 30 億人民幣，也無法在三年內砸出一個『順豐』來。」

順豐以驚人的速度創造出高達 200 億的年銷售額，並保持著同行中最低的客訴率與人員流動率。這樣的榮耀無疑是王衛出色管理手段的最佳代言。支撐物流的各種系統、技術以及機器隱於幕後，直接面對客戶的是不確定性極高的快遞員，一個快遞員微小的情緒變化也許就會改變客戶對整體服務的直觀感受。而管理十幾萬學歷與社會地位偏低的快遞員絕非易事，這就好比是指揮一個看不懂五線譜的龐大交響樂團，稍有差池，便會嘈雜聒噪、不堪入耳。

網上流傳著對快遞員的普遍評價：「遇到一個好的快遞員，那是你賺到；遇到態度惡劣的，請習慣。」或許這有些言過其實，但卻反應出整個快遞行業的混亂局面。隨著電子商務和物流的發展，快遞公司紛紛利用「加盟商」來擴張版圖，快遞員的數量持續增長。而由於快遞行業的門檻相對較低，一旦對人員的管理不力，必然會造成信用危機、服務品質下降等一系列問題。公眾的視線中時常出現某快遞員製造假 POS 機從而盜取客戶銀行資訊、某快遞員利用公司物流運輸假幣等新聞報導，客戶對快遞員的不滿與日俱增，媒體對

快遞員的負面報導層出不窮。此外，快遞員責任感不強、服務意識淡薄、不受社會尊重等因素又加劇了這一惡性循環。

　　一般來說，快遞從收件到成功抵達收貨人，之間至少要經過六個人轉手。這又進一步加重了管理的難度。凡客誠品旗下的如風達快遞有限公司總經理李紅義花費了足足三年的時間才穩定了一千七百人的快遞團隊。而王衛將十萬順豐軍團管理得井井有條，除了依靠標準化、規範化的制度之外，絕對離不開其強大的掌控能力與領袖風範，難怪連「教父」馬雲也不得不佩服了。

順豐是用命換來的

　　王衛，2013 年《富比士》中國富豪榜排名第二十二位，擁有 237.9 億元巨額財富。如果要給他的財富加上一個註腳，那無疑是「最有錢的工作狂」。不管是創業初期還是稱雄天下的如今，他每天都會保持 15 ～ 16 個小時的工作時間。日復一日的奔波勞累讓這個中年男人看起來有些憔悴不安，他喝著中藥，卻已經改不掉長達二十年的職業習慣了，就連同行對於他的這種行為也深深不解。申通快遞有限公司董事長陳德軍如是說：「我想要放下。我這個歲數，身體才是第一，我不想那麼累。我也不理解王衛為什麼要把自己搞得那麼累。」

　　一直到現在，王衛仍然把自己當成一個普通的快遞員。

有一次，他甚至在早上八點抵達順豐在北京三元橋的中轉點。沒人過來和他打招呼，或許根本沒人認識他。他一個人沉默而迅速地整理好快遞，然後用黑色的掌上型電腦（PDA）——順豐「巴槍」（HHT）——掃瞄快遞上的條碼。也許有人會說，這只是管理者慣用的「故作姿態」。但是，對於王衛而言，對於順豐而言，「拚命」似乎已經深深烙印在他們的皮膚、傷疤和骨頭裡了。

1996年順豐創始之初，王衛的身邊只有十幾個員工。當時，順豐的業務已經從深港貨運延伸到中國的國內快遞，需求量呈爆炸性成長。王衛和他的順豐，像一塊乾涸已久的沙漠，瘋狂地吸收著雨水的滋養。

他們每天的任務就是「飛奔」。每天早晨天還未亮的時候，王衛就已從車上取下貨物，背著塞得滿滿的快遞包，騎著摩托車飛奔在城市的大街小巷裡，一直到晚上十一二點才回家。據說，當時在送件的時候，有的員工翻爛了十幾張地圖；有的員工不幸遭遇車禍；有的員工高速飛車，快得來不及轉彎。對順豐的老員工來說，斷胳膊斷腿是常事，順豐是用命換來的。

對於順豐員工而言，這樣的拚命換來的當然是豐厚的收入，二十世紀90年代末，順豐的部分快遞員已經月薪過萬了。對於順豐自身而言，野蠻生長換來的無疑是一路遠航。不久之後，在王衛的帶領下，順豐牢牢地抓住了珠江三角的市場占有率，並成功將順豐的業務模式延伸到長江三角地

區，進而擴展到華中、西南、華北地區。

如今，順豐的創業元老帶著一身傷病一如既往地「拚命」，堅持奔波於一線市場，幾十公斤重的貨物搬上六樓也毫無怨言。而其他員工也秉承了順豐初期的務實與堅韌。有一次，順豐運貨車在送件途中意外翻倒。當時，負責派件的兩名快遞員已經身負重傷。救護車趕來的時候，他們卻拒絕離開現場，一直等到公司的救援人員前來接應，整理好快遞，他們才被抬上了救護車。

順豐人為何這麼拚命？王衛在一次訪問中道出了其中的因由：「一棵大樹，露在外面的樹幹和樹冠能否真正經歷暴風雪，還是取決於它深入土壤的根系是否紮實和健康。我相信，只要公司內部先做好了，只要我們內部對順豐的企業文化形成了一種信仰，那離外部對我們的信仰也就不遠了。」

有信仰的人才會有動力，順豐人的信仰就是王衛創造的企業文化──「拚命」，基於刻苦精神形成的「拚命」文化正是順豐不斷發展壯大的強勁動力。

「賣兒子」，不可能的事

順豐在成立之初，並沒有引起外人的注意，哪怕是已經壟斷整個港澳與廣東省快遞業務時，依然不為人所知。不過順豐能瞞過普通人，甚至同行，卻躲不過海外私募股權投資和風險投資敏銳的嗅覺。甚至在 1995 年之前，就有海外資本

在尋找王衛，希望能買下順豐的全部股權，但是王衛完全不露面，跟投資人玩起了捉迷藏。有的投資人甚至開出高價，只為和王衛見一面，依然沒有成功。

其中，國際快遞巨頭荷蘭天遞快遞（TNT）盛傳早在 1995 年就曾與王衛接觸過，不過最終的結局也是被拒絕。TNT 為了配合進入中國快遞市場的需求，退而求其次，最終在同年收購了華宇物流。華宇物流在當時也是中國頂尖的陸路運輸公司，TNT 通過對華宇物流的收購，輕而易舉地獲得了一千多條運輸路線，十七萬家客戶。但 TNT 最初的選擇是順豐，足見順豐的潛力。不過因為雙方都沒有回應，此事並沒有確鑿證據。

進入 2000 年後，順豐邁入了發展高峰期，前來尋找王衛的投資人更是絡繹不絕。王衛依然如一棵咬定青山的勁松，硬是全部拒絕。2003 年，另一家快遞巨頭聯邦快遞（FedEx）也看上了順豐速運，出資高達五六十億進行收購，而當時順豐的年利潤不過十多億，王衛依然沒有接受收購。最終（FedEx）找到了大田集團。大田集團是集海陸空物流於一體的綜合物流集團，（FedEx）因此獲得了大田集團覆蓋全中國接近六百個城市的運輸網路。

進入 2007 年，國際快遞企業的資源整合行動走向了高峰期，美國聯合包裹服務（UPS）也開始大規模地加速中國快遞網路建設，給中國民營快遞企業施壓。同時嘉里大通（中國最早的合資國際貨運代理企業）也積極鋪設中國的公路物

流網路，而中國傳統的快遞企業，為了加快發展腳步，則開始了大規模的併購行動。申通快遞也隨著快遞行業的腳步，收購了海航旗下的天天快遞。所有以物流或者快遞為主營業務的企業，均開始向著大物流方向前進，很少有企業拒絕改變，拒絕進入大物流行業，但是順豐依然沒有改變，硬得有點不合群，像塊石頭。

王衛領導下的順豐不僅拒絕併購，甚至在進入大物流這一集體活動上也表現得相當不積極。對於拒絕外資收購，甚至入股這件事上，王衛有著多方面的考量：首先王衛在情感上就不太能接受，順豐由他辛辛苦苦一手營造，對順豐完全有種父親對於孩子的感情，賣掉的話，心裡的坎難以邁過去；其次是王衛認為順豐在未來依然有強勁的發展動力，內地的快遞市場也還有很大的發展空間，外資所開出的價碼，完全低估了順豐和未來順豐的價值；再者，王衛始終存在一種樸素的愛國情懷，認為順豐是民營快遞的驕傲和標竿，他不希望為了錢而失去這一寶貴的品牌。

王衛做生意不純是為了錢，除了錢，他還有更多的目的。在 2011 年 7 月的順豐內部談話中，王衛說出了錢之外的目的：「每個人都有自己經營企業的目的，可能隨著企業的發展，這個目的還會發生變化。就我個人而言，經營企業的目的可能有點理想化，不完全是為了賺錢，順豐的願景是成為最值得信賴和尊重的公司。我們不追求行業排名，也不求一定要做到多大，而是希望我們的人和經營行為都能被社會

信賴和尊重。

「我覺得企業跟人一樣，如果能有一些理想，做事的態度和結果可能會完全不同。就好像為賺錢而畫的人，同只求溫飽、為追求藝術而畫的人相比，他畫畫的方式和最後出來的作品肯定不一樣。有藝術追求，就會有執著，它會推動你不斷給自己挑毛病，不斷改進。所以我總覺得，企業要想取得長遠發展，還是要有一點藝術家氣質。而營業額可能是水到渠成的事。」

至於企業擴展業務，進入所謂的大物流行業，王衛也認為目前的順豐業務足夠他去發展，依然還有很多可以提升的地方。正所謂貪多嚼不爛，貴精不貴多。快遞業務作為主營業務，踏實做好這一項業務，完全可以做到最出色，贏得人們的信賴。甚至從順豐進入全中國的發展階段以後，就可以隱約看出王衛的目標，他很少參與中國民營企業的爭論，只是一步步地按照自己的規劃，帶領順豐走向全球。其實誰都能看出，王衛並沒有把「四通一達」（申通、圓通、中通、匯通以及韻達）作為競爭對手，他心裡真正的對手是國際四大快遞巨頭（德國敦豪 DHL、美國聯邦快遞 FedEx、美國聯合包裹服務 UPS 以及荷蘭天遞快遞 TNT）。

為了實現自己內心的這一目標，王衛自然不會把順豐拱手相讓，哪怕是外資投資，他都難以接受。在王衛看來，任何外資的注入，都會導致順豐的決策層受到外資影響，進而影響到他做決定時的獨立性。

　　如今中國的快遞市場尚在起步階段，依然還有巨大的市場可以開發，而且順豐已經順利成為民營快遞企業的龍頭老大。王衛自己又僅僅四十歲出頭，正是年富力強的時候，心中有抱負的王衛理所當然地更希望建立起新的快遞王國，讓順豐速運成為像國際快遞巨頭一樣的百年老店。

第二章
幹快遞，要讓體力活生出智慧

「老鼠會」時代

進入 2000 年之後，順豐由於快遞行業的成功，無法再繼續低調下去。不過人們對於王衛和他的順豐依然只有一些支離破碎的瞭解，而一些同行對於順豐的快速發展則感到威脅和嫉妒，送給順豐一個似乎包含貶義的稱號——老鼠會。

「老鼠會」的字面意思就是形容順豐像一窩灰溜溜的老鼠聚在一起。

摘下有色眼鏡，如果單單用老鼠會的字面意思來形容早期的順豐，其實是非常具象的。早在創辦順豐之前，王衛就曾經靠往來於深圳和香港的口岸，夾帶私貨發財，所以早期的王衛的確只是一個躲躲藏藏的海關水客，縮首縮尾不正是老鼠嗎？「鼠頭鼠尾」的王衛創辦了順豐，自然被看不慣的人損為「老鼠會」了。

隨著深港兩地之間的快遞增加，僅僅依靠白天通關夾帶的那點私貨是遠遠不能滿足客戶需求的，這樣，偷運私貨也是意料之中的事情了。偷運私貨其實在當時的珠江三角一帶非常普遍，受政策限制，人們為了賺錢開始選擇偷運私貨。

廣東人又相當有宗族感，幹這種活多半是鄉黨們組織起來一起行動。王衛拉上宗族裡幾個一般大的兄弟趁著夜間活動，深夜時分乘著小快艇穿梭於香港和內地之間的碼頭，運氣不錯的話一晚上可以來回幾趟。但這種方式見不得光，像極了夜裡的老鼠，在黑暗中摸索食物。

1993 年，二十二歲的王衛意識到，這種不合法的方式，終歸不是正途，於是他在順德建立了順豐速運。剛剛成立的順豐，是另一個意義上的「老鼠會」但這種方式由於業務繁忙，人手不夠，王衛不僅白天要自己親自出去送快遞，晚上更是要忙到深夜，譬如分揀快遞等，為第二天清早的工作做好準備。當時在順德並不是很發達的街道邊，會有一間燈光昏黃閃爍的小屋子，王衛帶著幾個人默默地在其中整理快遞包裹，窸窸窣窣折騰到很晚。

其實順豐被叫作「老鼠會」還有個原因就是同行都覺得他們太過雜亂無章，沒有秩序。早期的順豐，不僅沒有統一的快遞標誌，連基本的快遞員服裝都沒有統一樣式和色彩，完全就是五花八門、千奇百怪，什麼樣的都有；至於交通工具更是混亂如麻，有開著貨車的，也有騎著摩托車的，有的甚至要乘船走一段水路才能送達。正是因為這些形式上的不整齊，部分同行由嫉妒生出鄙夷，覺得順豐完全不像個有嚴格規章制度的企業，而是一窩無組織無紀律的「老鼠」。

而順豐即使在發展壯大以後，哪怕已經成為快遞業內巨頭的時候，依然是從不顯山露水，堅持不做廣告，王衛及眾

多高層也不接受採訪。這在外界看來也是不能理解的，認為企業那麼大，多多少少做個廣告，或者王衛出來接受採訪都是很自然的事情。因為在人們的印象中，就沒有哪個企業家成功以後不出來宣揚一下他的成功學。成功不就是為了光耀門楣、人所共知的嗎？無人相識豈不是如錦衣夜行，實在是太沒有趣味了。這種觀念也令外界認為順豐和王衛很土，完全不懂得經營企業形象和品牌，簡直就是一窩得勢發展的「土老鼠」。不過這只是財富價值觀不同所致。

人們如果說王衛和早期的順豐就像一窩灰溜溜、四處亂跑的「老鼠」，雖然不太文雅，但其實還是很貼切的。

不過，不管「老鼠會」這一稱謂從何而來，是否包含貶義，對於外界的紛紛擾擾，王衛始終保持著一貫的緘默。他永遠專注於埋頭做好自己的事情，專注於努力提高順豐的服務品質，他依然堅持不做廣告。如今順豐已經成為民營快遞的龍頭老大，足以讓那些曾經嘲笑順豐的人閉嘴，須知再多的廣告，也抵不過顧客親身感受到的服務體驗。

如貓潛行，如豹提速

很少有企業像順豐這樣，在發展的前中期完全沒人知道，低調到無聲無息的地步，簡直就像穿著一身夜行衣，或像隻貓一樣，驕傲而堅定地走在自己的發展路上。等到後來順豐成為快遞行業的龍頭老大之後，人們才慢慢知道它的

曾經。

順豐從 1993 年建立到 1996 年大致壟斷中國整個華南地區的快遞業務，僅僅用了三年時間，速度快得嚇人。不過，很多廣東人在那時其實並不清楚順豐到底是個什麼樣的企業，至於華南地區以外的快遞同行們，直到順豐進入華東之前，聽都沒聽說過順豐為何物。

這實際上是很不可思議的，當時順豐已經壟斷了廣東、港澳之間的快遞業務，是一家夠大的快遞企業，華南地區以外的同行們竟然無人知曉，王衛真是隱藏得夠深。驗證這種說法的最好例子就是 1997 年香港回歸時，中國鐵路快遞代表前往廣東，與當地官員商討，希望借此機會開通香港和廣東地區的快遞業務，卻被告知一家叫作「順豐」的快遞企業早已壟斷了整個業務，搞得灰頭土臉，無功而返。

順豐為何如此低調？這自然根源於其企業文化。企業文化其實就是老闆文化；順豐的低調，其實就是創辦人王衛的低調。王衛身上擁有粵商的沉穩與低調，他幾乎是本能地討厭鎂光燈，不喜所謂的大場面、大時代、大手筆等高調做人方式，在他看來，力量蘊藏於安靜，沉默是金。

王衛秉持做事低調的理念，不願出來拋頭露面，不僅對外曾經拒絕過中央電視臺的採訪請求，在順豐企業內部刊物上也從沒有他的身影。生活中的王衛也同樣十分低調樸素，穿著尤其簡單，襯衣、牛仔褲加個滑板鞋就出門了，朋友在一起聚會，王衛永遠都坐在角落，聽別人高談闊論，完全看

不出是富豪。受王衛影響，順豐高層也都比較低調，畢竟老闆做了表率。順豐高層在接受媒體採訪時，通常都會要求匿名處理，向王衛的行事風格看齊。

　　順豐在王衛的領導下，無論是擴張廣東，還是走向全中國，都顯得那麼的悄無聲息，完美地詮釋著王衛的低調個性。「四通一達」在搶占華東市場之時，可謂是轟轟烈烈，風生水起，宅急送擴張華北地區時也是人所共知。但是順豐在拿下整個華南之後，依然沒有人注意到這個企業。至於 1996 年順豐進軍華東地區時，更是秉持著一貫的潛入風格，完全沒有造勢，連「四通一達」都不曾感到有威脅。最後才慢慢發現，市場占有率被一家叫做順豐的企業給搶走了很多。這有點溫水煮青蛙的感覺，不知不覺中順豐就拿下了華東快遞市場，而且這個過程只持續了三年。

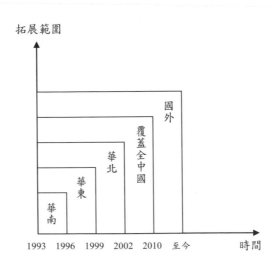

2002 年，王衛做了快遞業內史無前例的大舉動，將加盟式運營轉變為全直營，如此驚心動魄的大動作，依然沒有引起媒體的關注。此後的順豐，完全化身為一隻獵豹，無聲無息地潛伏在各個獵物周圍，而待捕的羚羊依然閒庭信步在草原上，絲毫沒有危機感，順豐進軍宅急送的華北地盤，就是一個完美的例子。

此後的順豐依然動作連連，但不管是購買飛機，成立順豐航空公司，抑或是跨界進入冷鏈物流、電子商務領域等，王衛都只是在順豐的官網上默默地貼出通知。其實這每一個大動作，換別的企業來做，都是一次炒作的噱頭，很少有企業會放棄提升知名度的機會，畢竟在商海，名聲就意味著金錢。之前還有些聲音質疑王衛是假裝低調，以退為進，而到了如今，人們應該清楚王衛的確是生性低調。

王衛的低調融入了整個順豐的日常運營之中，就讓整個順豐顯得同樣不起眼。順豐的快遞員有很長一段時間完全沒有專業的服裝、車輛，看上去是快遞行業的雜牌軍，不像別的大型快遞企業做得那麼醒目；每個順豐快遞員給人的感覺都是普普通通，轉頭三分鐘也許就會忘記他們的長相。

順豐的員工雖然很不起眼，但是工作很踏實。因為低調同時還意味著踏實，這也是王衛能將順豐發展到今天的一大原因。王衛在管理順豐的過程中，不關注外在包裝，把全部心思都放在如何做好分內事上，埋頭苦幹，努力提升順豐速運的服務品質。其實做好自己的本職工作就是最大的宣傳，

王衛相信，不管自己再怎麼低調，高品質的服務也會令客戶選擇自己，酒香不怕巷子深。同時，王衛踏實的做事風格讓每個順豐員工都像隻勤勞的「工蟻」，十幾萬工蟻組成了了不起的順豐速運。

防「爆」手段：「收一派二」

經過無秩序的人海戰術競爭和低價比拚之後，目前中國的民營快遞企業都已經漸漸認識到服務品質才是企業的核心競爭力。對於一個快遞企業來說，最終能體現服務品質的指標無非就是速度和安全。王衛認為在當下快遞品質普遍相差不大的情況下，快遞速度是致勝的關鍵。正所謂「天下武功，唯快不破」，對於快遞行業來說，夠快就能贏得優勢，這是顛撲不破的真理。

平時每家快遞企業都很快，一般也沒有差別，那麼逢年過節之際，業務高峰時能否和往常一樣快，才是見高下的決勝時期。目前絕大多數快遞企業在節日高峰時，都會出現「爆倉」的情況，導致整個快遞網路癱瘓。何為「爆倉」？其實就是快遞企業短期內接受的快件量太大，處理能力不夠，導致大量快件積壓在倉儲中心和中轉中心，而使快遞網路猝死的情況。「爆倉」的結果就是源頭不能接收快件，下游快件分配不出去，中間積壓大量快件。

王衛對付「爆倉」顯然很有一套，因為順豐從沒有出現

過「爆倉」的情況，順豐不僅是中國總體快遞速度最快的企業，更能保證全年 365 天不間歇運行。王衛是如何做到的呢？其實道理很簡單，就和應對季節性洪水一樣，要麼擴寬水流管道，要麼加快水通速度，避免洪峰出現，自然不會出現洪水氾濫。

拓寬快遞管道，不是一時半刻就能做到的事情，多年來王衛一直在加大運輸團隊投資，包括購買大量運輸車，甚至購買飛機，這些都是擴寬管道的措施。不過這些硬體設施都需要大量資金，其成效也並不足以完全避免「洪水」，王衛不得不在加快「水流速度」上動起腦筋。為了加快順豐的快遞流通速度，王衛設立了「收一派二」的快遞原則。「收一派二」簡單來說，就是一線快遞員收取快件要在一小時內，派送快件要在兩小時內。

「收一派二」說來簡單，可是目前在快遞行業內，只有順豐能夠做到，原因就是大部分快遞企業的一線營業點分布不合理，商業發達地區太過密集，偏遠地區又分散得太開，導致發達地區人力資源浪費，同屬一個公司卻依然要搶地盤，偏遠地區又難以在短時間內完成取件、配送，時效性太差。早期的順豐也是一樣，但在王衛定卜「收一派二」原則之後，順豐的網點建立完全依照這一原則，每個營業點以所在位置為圓點，輻射半徑為一個小時車程的業務範圍，相鄰兩個營業點要在兩小時車程之內，交叉地區由一線快遞員靈活解決，完全掃除業務盲點，確保營業點範圍內的快遞員能在

一小時內完成收件工作。

　　順豐按「收一派二」原則建立的營業點，不僅業務盲點少，而且基本上都在一小時內可以到達本業務區內的任何地點。至於如何做到取件一個小時，那就是在單個營業點的業務圈內增減快遞員。快遞業務繁忙地區多撒快遞員，相對偏僻的地區則少些一線快遞員，通過控制一線快遞員的密度，靈活增減人數，不僅保證每個客戶周圍的一小時車程範圍內都有業務員存在，而且讓人力資源達到最大化利用。

　　說來簡單，可是十幾萬一線快遞員如何能在自己的業務圓圈內有序移動，為何不會出現快遞員都移動至某地區甚至跨營業點的情況呢？這就歸功於王衛為順豐員工打造的另一套先進設備——電子「巴槍」（HHT）。順豐巴槍早已為人們所熟悉，因為每個順豐快遞員上門時都會拿著這個像老式大哥大一樣的黑色物體，然後在取件和送件簽收時，對著快遞包裹上的條碼「開上一槍」。巴槍其實是物流行業一種類似PDA的手持終端機，它能夠通過掃瞄快遞包裹上的條碼，進而通過網路將其狀態上傳至順豐網路總部，同時向每個手持HHT的一線快遞員開放。HHT還具有GPS定位功能，能夠借此確定每個快遞員的所在位置，並通過HHT向快遞員發布周圍半徑七千公尺範圍內的快遞業務，包括哪裡有客戶呼叫了順豐，以及所需派送快遞的大致位置，HHT會隨著快遞員的移動而不斷刷新七公里範圍內的快遞業務，完全就是個小型的移動智慧資料庫。

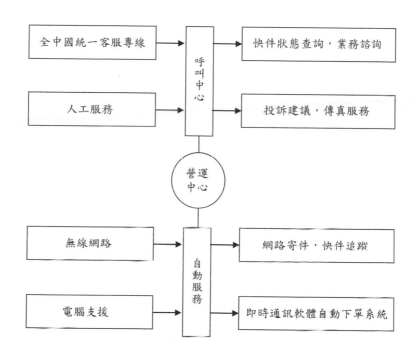

雖然王衛設立「收一派二」的原則，並且提供了包括HHT 在內的高端新技術設備，但一線快遞員不是機器人，各種誤差在所難免。再先進的設備也只是工具，替代不了人的主觀能動性，王衛管理龐大的順豐團隊多年，自然不會糊塗到認為有了一套高端的設備，一線員工就會完全按照他的意願行動。善於利用金錢的王衛，通過將「收一派二」原則與員工收入掛鉤，妥善控制了一線員工的行動。順豐快遞員的收入並不固定，而是採用計件制，收發的快遞數量越多，收入也遞增。所以順豐快遞員根本不用王衛強制管理，為了自

己的荷包，自然就會拚命加快取送快遞的速度。

當然，在順豐並不是只有「蛋糕」的誘惑，更有「高壓線」的威懾。王衛設立了類似駕駛執照的積分制，犯一次錯誤就會扣除積分，積分也與收入掛鉤。王衛通過「胡蘿蔔加大棒」的獎懲機制，順利掌控了一線員工的日常工作。就這樣王衛以龐大的資訊網路為中樞，以巴槍連通整個快遞網路，借助一定的員工制度，保證了「收一派二」的完美執行。因為這一套操作流程的落實，順豐的取件和送件速度都遠高於同行。源頭不斷有活水，下游又連接廣闊的出海口，中間是快速流淌的水流，怎會出現「爆倉」呢？

第三章
最好的服務，內生而外化

順豐的「神經系統」

快遞行業在中國大陸興起的時間並不久，現在已經成為行業巨頭的各大民營快遞也都才成立二十年而已。整個行業在發展初期，完全沒有技術含量可言，這也是人們對快遞行業一直存有誤解的原因之一。順豐在初期也採用了人海戰術，員工數量甚至一度達到全球快遞企業之最。

隨著順豐進入成熟期，人海戰術的弊端就漸漸凸顯：人力成本增加，調度難度大，人力資源浪費嚴重等。為了使順豐從臃腫的「胖子」轉變為身手矯健的「健美先生」，王衛不惜投入大量資金到順豐的資訊化升級中，全方面提升順豐的高科技程度。目前看來，其效果是相當明顯的，這也是順豐能夠領先中國快遞企業的重要原因。

在軟體提升方面，王衛首先為順豐引進了先進的「神經系統」。王衛想要提速順豐，加快反應速度，資訊化的中樞系統是最重要的一環。2006 年，深圳舉行了首屆物流系統解決方案展覽會，深圳電信展示了一套全新的物流資訊化平臺方案，包括客戶服務系統、配送系統、運輸系統和倉儲系統。

　　這彷彿是為順豐量身定製，王衛毫不猶豫，在業內率先引入這套系統。隨後順豐與深圳電信合作，建立了順豐深圳呼叫中心，並逐漸在全中國主要城市設立分撥呼叫點。這樣一來，無論客戶身在何地，只要呼叫順豐涑運服務，都會集中到各個呼叫中心，進而由呼叫中心向離客戶最近的快遞網點發送客戶需求，客戶由此得到最快捷的服務。

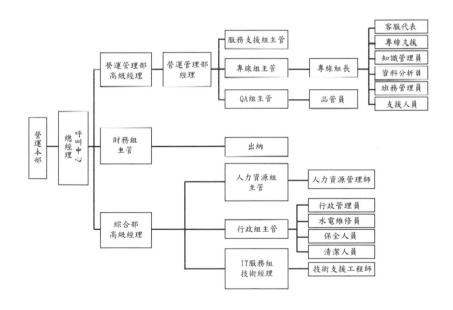

　　順豐是如何依靠客戶的一通電話準確定位的呢？

　　這就需要一個擁有全球定位系統（GPS）的全國網路，順豐為此在深圳華南城與深圳電信建立了「全球眼」追蹤定位系統，與呼叫系統完美配合，順豐因此擁有了業內最先

進、最全面的資訊化網路。

　　擁有資訊化網路還不能完全解決問題，從網路到一線快遞員還需要有傳輸資訊的工具，為此王衛給全體十幾萬員工配備了先進的手持終端設備 HHT。HHT 與 PDA 類似，就是能夠溝通一線操作員與整個物流系統的手持媒介。HHT 因為外形像一把手槍，在順豐內部也被稱作「巴槍」。

　　初代巴槍來得不容易，為了配合順豐的資訊化網路，王衛從韓國進口了巴槍，當時每把價值人民幣 7,000 元，而順豐有十幾萬員工，對於剛剛進入成熟期的順豐來說，這筆開銷相當的大。由此也可知王衛在提升順豐科技含量上的決心。當時中國其他民營快遞企業還停留在電話和短信聯繫快遞員的階段，順豐已經開始進入資訊化時代。

　　有了巴槍以後，每件快遞都會擁有一個專屬條碼，快遞員在收取和派送快遞時，只需要拿著巴槍對著條碼掃瞄一下，巴槍會通過網路自動將該件快遞的狀態上傳至網路，通過巴槍也可以查詢每一件存於網路中的快遞狀態。以此為基礎，順豐率先推出了快遞全程查詢服務。以往人們在寄出快遞之後，完全不知道快遞的狀態，不知道在什麼位置，也不知道大概什麼時候會到達目的地，有了全程資訊化管理之後，人們可以很輕鬆地獲知快遞的資訊。快遞過程透明化讓順豐獲得了客戶的信任。

　　不過，王衛並沒有就此停止革新技術的腳步，在使用初代進口巴槍之後，王衛一方面也覺得開銷太大，價格完全由

韓國廠商控制，另一方面覺得巴槍技術並不是很成熟，有很多亟待完善的地方。王衛於是找到清華大學，合作研發了自主品牌的手持終端。在經歷多年努力之後，王衛不僅放棄了從韓國進口的巴槍，省下一大筆資金，更研發出了更為智能的 HHT4 版本，此時的新式巴槍擁有 GPS、藍牙、拍照、WIFI 等功能，完全與一部 3G 手機差不多，目前已經獲得十餘項國家專利。

此後，為了加強各分部、點部之間的溝通交流，王衛還引進了數位網路傳真機。企業各網點或者分公司之間的交流，一般都是通過傳真機，不過一般的傳真機難以跟上順豐的資訊交流速度。在龐大的順豐快遞網路中，每時每刻都會有指令發出，雪花般的傳真足以讓一般的傳真機堵塞，甚至死機，這給順豐內部交流帶來了不小的麻煩。

而數位網路傳真機不僅可以避免順豐的網路堵塞問題，更可以實現市話傳真收費，這對分部覆蓋全中國的順豐具有降低成本的可觀意義。

數位網路傳真機除基本傳真功能外，還有專門為順豐特製的功能：直接上傳檔案功能、路由器功能和傳真列印功能。通過這套全新的數位網路傳真網路，順豐內部溝通再無障礙。

這些只是王衛為了提高順豐運轉效率，向國際四大快遞接近所投資的科技，這些高科技產品應用到順豐之後，大大提升了順豐的運轉效率，不僅讓順豐成為業內最快的快遞企

業，同時也為順豐節省了大量的開支。不過，在追趕國際快遞巨頭的路上，還有很遙遠的距離，就拿王衛引以為傲的巴槍來說，最先進的 HHT4 版本巴槍，科技水準也僅僅相當於聯邦快遞在二十世紀 90 年代的水準，路漫漫其修遠兮。

資訊化管理：順豐為何如此之快

「治大國若烹小鮮」，領導公司也是同樣的道理。

想要烹調出一道美味佳餚，首先必須有非常充足的高品質食材，其次要按照標準的程式進行烹調。食材是最基本的材料，沒有食材，任何考慮都是空想。而食材的品質決定這道菜最終的美味程度，一旦食材的品質出了問題，最終的整個口感就完全變了。按照規範的程式進行烹製也非常重要，若是程式上出了問題，在小方面就會浪費更多時間，在大方面則可能讓整個烹調過程的努力完全付之東流，最終這道菜也會毫無鮮美可言。

順豐主打的招牌是「快」，在大型快遞企業中，順豐的速度一直令其他快遞企業望塵莫及。在當今這個資訊化時代，必須更快一點才能跟上時代發展的步伐，只有在速度上超越其他同行才可能贏來最好的機會。順豐之所以能夠做到這一點，全賴王衛打造出來的資訊化管理機制。而將這道機制烹調成「美味佳餚」的，就是王衛不惜花重金買下的高品質「食材」和他傾盡心力打造出的標準化程式。

　　這些重要的「食材」中，首先要說的就是順豐員工人手一部的 HHT 掌上型資料終端，通過這個終端，順豐的每一個員工都可以將自己接下訂單的具體情況全部輸入順豐的主系統，簡單省事。

　　再來就是每輛順豐送貨車上配置的 GPS 全球定位系統，通過這個系統，能夠實現對貨物位置的精確把握，不僅方便顧客查詢貨物位置，若是貨物運輸過程中出現問題，還能順利歸責。

　　然後還有自動分揀技術。這個技術可謂順豐高效運營的關鍵之一。通過這個技術的應用，順豐成功實現了全天候 24 小時無差別自動分揀。這個技術減少了大量人力資源的浪費，節省了更多的時間，也是順豐之所以能夠如此之快的重要原因之一。

　　以上這幾樣東西構成了烹調好資訊化管理這道菜色的基本食材，沒有這些，最終的「鮮美菜品」就無法出爐。

　　此外，我們還需要蔥薑蒜等輔助食材，它們就是條碼技術和 GPRS 技術。通過條碼技術，順豐完成了普通快遞不可能達到的迅速收件過程，同時方便了送貨時的資料錄入。貨物從倉儲中心進入分揀，不同的負責人就會在條碼上刷一下，系統就會自動更新該貨物的運送情況。而 GPRS 系統則方便了順豐員工之間、員工和區總部之間的資訊溝通，不再需要其他仲介進行交換。通過這些「調料」就能成功讓一鍋魚湯更加鮮美。

電腦的資料庫系統則是不可或缺的作料，相當於油鹽醬醋。資料庫系統又分為業務核心系統、客戶核心系統、財務核心系統。在這三個系統裡，將交易過程進行拆分，重新規劃，不管需要哪一方的資訊都能夠得到有效快速的解答。

食材已經備齊，接下來就是按部就班地調製了。在快遞這個行業，如何做到與眾不同，如何通過對烹調步驟的掌控來作出美味的食物，這一點一直困擾著王衛。但是王衛非常聰明，他很快為順豐設計了一套優秀的烹製流程，這個流程被命名為「全生命週期管理系統」。

首先是快件的收派環節，這是快遞工作的重中之重，是顧客直接與工作人員、直接與公司對接的核心環節，直接影響著順豐在顧客心中的形象，決定著顧客是否還會繼續使用順豐速運。在這個環節裡，如何做到高效迅速，如何做到更快是一個非常重要的問題，而手持終端系統此時就派上了用場。通過這一系統的使用，配合資料庫系統，就能夠順利實現資訊化管理的初步烹調。類似於烹製魚湯時先將魚略煎一下的工作。

其次是倉儲環節。在這個環節裡，順豐的自動分揀系統發揮了非常大的作用。在一般情況下，一份快件運送的過程中，分揀占用的時間相當多，如何能夠迅速分揀，同時不出現資訊的差錯就是每個快遞公司必須解決的問題。此時，煎魚的香味已經在逐漸升級了。

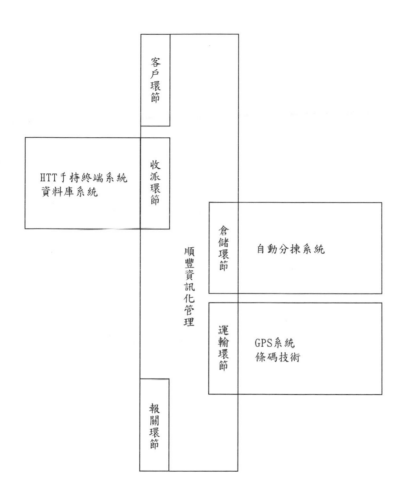

　　再來就是運輸環節。在這個環節裡大展身手的就是 GPS 定位系統了。作為客戶，尤其在貴重物品運送過程中，總希望能夠完全把握物品的行蹤，最好所有的進程都在自己的監控之下。而王衛正是針對這一點，做出使用 GPS 的決定。

為了成功掌握貨物的具體情況，條碼技術擔任了非常重要的角色。

通過這些基礎「食材」，即手持終端、自動分揀系統、GPS 系統，和輔料，即條碼技術等的充分應用，順豐已經成功打造出一碗像模像樣的魚湯了，但仍缺少許作料。

除了以上三個環節之外，全生命週期管理系統裡還有客戶環節和報關環節。由於順豐並未占據太大的國際市場，報關業務顯得比較次要，但客戶環節的地位則是不容忽視。

儘管客戶環節在運送貨物的整個過程中並不占據非常重要的地位，但是沒有客戶，就沒有順豐的業務；沒有客戶的回饋，就沒有順豐的提昇。因此，客戶資料庫的建立顯得格外必要。通過資料庫內三個系統的把握，順豐的工作人員能夠不費吹灰之力地知道每一個訂單的對應客戶，每一個不滿的投訴來源。不僅便於擴展更多客戶、開啟更多交易，還能夠迅速找到出錯的具體環節。而這，就是讓魚湯更加鮮美的關鍵作料。

在整個烹調過程中，每一樣食材都不可或缺，它們是讓料理美味的根基。在快遞運送的每一個環節裡，條碼技術就像蔥薑蒜那樣，默默地發揮作用，將湯汁變得更加鮮美。其他處於配角地位的技術也是如此，它們的重要性與基礎食材沒有任何區別。若是沒有這一整套的系統，缺了其中的任意一技術，順豐而今的高效資訊化管理就無從談起。

順豐阿修羅監控系統		
通用管理	結算系統	時效管理
車輛管理	圖片掃描	巴槍管理
報表查詢	電子地圖	風險管控
運力管理	運單管理	運單查詢

服務是最好的行銷

快遞行業是個入職門檻非常低的行業，它並不需要多麼專業的知識或者多高的學歷，不管是三四十歲的失業勞工，還是高中剛畢業、初出茅廬的小夥子，都能從事這一業務。那麼，是什麼決定了順豐的與眾不同？

事實上，順豐擁有其他快遞公司所沒有的專注，這樣的專注在順豐擴展初期就已經生根發芽。順豐剛開始向全中國擴展時，並沒有足夠的資本將營業網點散布到整個市區，當時北京朝陽區就只有 個順豐營業中心。順豐人為了將一件貨物安全地送到收貨人手裡，騎著自行車， 路從國貿騎到了昌平，行駛了差不多四十七公里。

隨著時代的轉變，當時的員工現在已經難覓蹤影，可是這樣的精神或多或少被繼承了下來。而今的順豐員工，在顧

客服務方面的確做得比中國不少民營企業周到。

　　順豐是一個鮮見廣告宣傳的企業，尤其對一些不瞭解快遞市場的人來說，沒有聽說過順豐這家快遞公司也不足為奇。但就在這種低調之中，順豐默默地拿到了最多的業務，成為最多顧客的首選快遞。

　　將順豐打造成擁有如此強大實力的企業，就是每位員工對顧客的服務，而順豐也通過這種獨特的服務行銷，成就了真正的快遞帝國。

　　實際上，快遞產業的服務非常不好判定或者劃分等級。不同的顧客對不同的派件員會有完全不同的看法，就算是相同的派送員、相同的言談舉止，不同的顧客也可能會有完全不同的評價，因此想要讓所有顧客滿意是不可能的。為了盡力在服務方面做到最好，順豐開闢了高科技的完整服務系統。就算營業員態度不夠好，沒有做到全程微笑服務，顧客仍然可以從這套系統中感受到順豐作為民營快遞領頭羊的實力。

　　這套系統包括員工以最快的時間收發貨物、顧客可以在網上全程把控貨物的運送情況等服務，讓許多人感到非常貼心。儘管別的快遞公司也採取了類似的做法，但他們往往做得不如順豐精細。不少顧客在對比之後發現，許多快遞只能查詢到貨物在幾個小時前乃至前一天的動向，但是在順豐的系統上，顧客可以清晰地瞭解到自己的貨物現在正位於什麼地方，處於運送過程中的哪一個位置。

　　快遞是帶有服務性質的，員工能夠給顧客提供怎樣的服務，決定著顧客未來的選擇方向。做服務行業的人都知道，顧客在細節上享受到的體驗，能夠成為該服務行業超越同行的決定性競爭力。最終決定客戶如何選擇的，也就是那些看似微不足道的一點一滴。因此，在客戶感受方面，順豐會比其他公司多考慮一些。每當貨物安全送達收件人處後，工作人員都會再停留 5 分鐘。在這 5 分鐘裡，他會將剛才收件的時間和收件人姓名仔細記錄，隨後發送給寄件者。這不僅讓顧客更加安心，還能夠及時發現是否出錯，方便立刻追回貨物。

　　除此之外，順豐的客服部門也顯得井井有條。這個部門的工作人員全是年輕的女孩，並且統一著裝，全部白襯衫和黑西裝。她們在各自的小隔間裡工作，戴著耳機耳麥，整齊劃一，儘管各自都在輕聲說話，卻沒有特別凌亂的感覺，反而給人留下嚴謹肅穆的印象。

　　隨著一體化服務系統的日益完善，王衛要求員工們提供更優質的服務。服務是顧客與員工的交流，優質的服務能夠給顧客留下良好的印象，加強顧客對順豐的依賴度，同時還能得到顧客及時的回饋，從而有益於順豐的不斷前進。

　　比如王衛在對順豐優選進行構思時，就非常注意它的配送系統。而今的順豐優選，每次送貨都是一位駕駛員加上一位客戶經理的人員配備，硬體設施則提供了可以冷藏、冷凍、零度保鮮的機器。到達社區門口時，由客戶經理將貨物

放入保溫包之中，送達收貨人處。但這還不是一次配送的結束。隨後，經理會拿出標準配備的 iPad，客戶可以通過 iPad 進行收貨處理，同時還能讓顧客在體驗產品之後立即給出回饋。

　　有位顧客就在使用順豐優選後表示：「配送的員工是藍衣黑褲的打扮，還配備了非常時尚的背包，一下子就讓我有種好像走在時尚前線的感覺；其次，送貨員誠懇地要求我開箱驗貨，確認貨物品質，讓我感覺非常舒心，一些快遞企業的員工在送貨時根本不讓人驗貨，一對比，高下立見；每名送貨員還配著一名司機，兩人一同來為我送貨，讓我有種優越感；當我在輸入密碼時，送貨員會自動轉身，我也感到放心；收貨完畢之後，送貨員還拿出了 iPad 讓我給出評價和確認收貨，太方便了！」

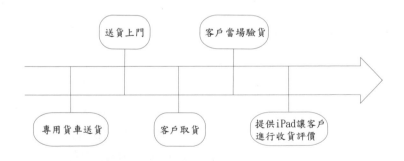

　　而今隨著人們生活水準的提高，越來越多的人並不那麼看重商品本身。尤其是上層人士，他們更追求周到的服務，使人心情愉快的消費體驗，為此多花點錢也沒有關係。為了

應對這樣的要求，王衛不惜投下重金提高送貨員素質，培訓送貨員可能用到的各種技能，並給他們每個人都配上 iPad，由此才讓顧客們享受到如此周到貼心的服務。

產品本身即病毒

當人們通過淘寶購物時，在交易結束後系統總會提醒顧客去對此次交易做出評價。隨著評價制度的不斷完善，越來越多顧客在購買商品時會首先研究其他買家給出的評價，一個差評可能就會讓不少顧客止步，而那些好評如潮的商家往往能夠獲得更多的訂單。

無形之中，一家店的信譽就打造出來了，而實際上商家本身並未付出多少。隨著人們生活的網路化程度越來越高，網購越來越流行，信譽評價也就變得越來越重要。起初，人們通過這種方式評價商品品質以及服務態度，而今，這種潛移默化的行銷方式開始走入人們的視線，得到越來越多的重視，被命名為「病毒行銷」。

眾所周知，病毒的傳播速度相當快。也許大多數人還對 2003 年 SARS 病毒心有餘悸。就在人們不經意間，或許是一次簡短的交談，或許是偶然的一個噴嚏，病毒就已經悄然擴散開來。

病毒行銷與此類似，產品品質就相當於病毒本身，人們在購物之後進行交流，遇到好的店家自然會想分享給自己的

親朋好友，遇到不好的服務或者品質奇差的商品也會告誡身邊的人不要再去那家店，無形中對這個「病毒」進行了傳播，而「感染者」們若發現這家店確實不錯，又會傳播給更多的人。由此，不同店家的形象、產品、服務在人們的口耳相傳中逐漸形成。

而順豐就是通過病毒行銷，悄悄地開拓出一片江山。

或許王衛在創業之時根本沒想過要使用這樣的行銷方法，他只是一個勁拚命地幹，每天都想著要送更多的貨，總之就是做到別人沒有做到的事情。他的這種觀念在順豐後來的發展中不斷表現出來。隨著順豐的成長，突然有一天，王衛發現自己根本不需要在宣傳品牌上花很大的功夫，只要創造出不同於其他快遞企業的獨特性，就能夠拿到可觀的市場占有率。

這也是病毒行銷的優點之一，通過病毒行銷將公司品牌植入人們的生活中，就無須在廣告、宣傳等方面大費周章，同時還能節約大量資金。

除此之外，病毒行銷還有其他優點。首先，病毒行銷在本質上是靠用戶之間的自發交流而不斷傳播，因此傳播的範圍比起其他行銷方式要廣很多，從而使企業品牌被更多人所熟知。其次，在網路時代裡，網路上的資訊流通變得更快，一旦有人遇到了好的服務就會主動推薦給身邊甚至是同一網路圈子裡的其他人，高效快速的通訊方式也使病毒行銷變得越來越簡單便利。

　　但是王衛也知道，這種行銷方式的根本是一家企業能夠提供高品質的服務，打造自己的獨特競爭力。王衛本身就在打造順豐品牌上下了很大的功夫，只要能夠完善服務品質，他就會毫不猶疑地去做。而且這些改善措施能夠帶來更多的紅利，他又何樂而不為。

　　為此，王衛在打造順豐的高品質服務上做了許多考量。首先，推出快速的特色；其次，打造獨有的服務體系；最後，做到其他快遞無法做到的高效率。

　　通過這些措施，王衛順利打造出適應顧客需要的服務體系，而這正好適應了病毒行銷的要求。在病毒行銷的概念裡，首先，人們傳播的服務或者產品要有非常出眾的特色，最好能夠讓每個顧客以一句話概括出來。一旦內容過長，或者最直觀的感受不容易描述時，顧客就會喪失耐心，不願意再擔當這個「傳播者」的角色。第二點是服務品質一定要以顧客為中心進行考量。病毒行銷是顧客自發的行為，沒有任何金錢或利益驅使，如果能夠讓大部分顧客感受到優質的服務，自然會帶動更多的「傳播者」。

　　而為了讓顧客享受到更好的服務，順豐在員工管理上也煞費苦心。順豐現今實行的是員工評分制度，員工每個月每增加1分，該月的績效獎金就能提高10%，最高限度是10分，超過了10分則可以優先享受升級、加薪、晉級等待遇。相對的，若是扣分的話，績效工資就會相應降低10%。由於這項制度與員工們的工資直接掛鉤，因此許多員工都為了加

分而不斷努力。

那麼，如何能夠得到更多加分呢？按照順豐的員工守則，最容易得到加分的就是良好的業務服務。那些業務做得好的員工，自然能夠拿到更多的訂單，從而更容易獲得更多的利潤；同時公司也會看到其分數不斷往上漲的成績單，從而對這個員工的工作做出肯定的評價，若是能夠受到區部或者總部的表揚，這名員工的積分就能增加 3 ～ 5 分。

當然，在順豐如今超過十萬的員工裡能夠達到如此高要求的只有寥寥數人，因此更多的人會偏向於更簡單易行的加分方式。在順豐的員工手冊裡，明確記錄了這樣一條嘉獎條例：「注意儀容儀表，講究禮節禮貌，言行文明，受到客戶書面表揚並經證實的。」為了拿到更多的薪金，順豐的員工們在這方面下了很大的決心，也做出了巨大的努力。

不過，病毒行銷目前仍存在一些問題。首先，這種行銷方式對於掌握消費者心理仍然比較欠缺。當然，在這一點上順豐算是做得比較好的，中國許多民營快遞企業的送貨員都沒有做到切實為顧客著想。

其次，市場上一部分病毒行銷被加工變成了網路病毒。某些非常極端的商家想要爭取更多的網民來瀏覽自己的網頁，常常不擇手段。比如通過網路附加元件強迫客戶的電腦自動打開某些固定的網路頁面。但是這種方法只會適得其反，讓網民從此對這個商家敬而遠之。

病毒行銷的另一個問題就是行銷模式非常單一，沒有固

定的傳播群。由於現在已經到了拼服務的時代，而網民一旦看到更好的商品、更好的服務就很可能拋棄原來使用的產品。因此，如何才能留住顧客的心成了現代許多企業的思考方向。

面對著四通一達逐漸追上來的服務，以及越來越嚴峻的競爭局面，順豐的確該好好思考下一步的做法了。就算中國民營企業的威脅還不大，但與國際企業的差距也推動著他們不斷前進。這幾年來的國家投訴總量分析，就能清楚說明問題。以 2012 年為例，快遞業中投訴率最低的依次是 DHL、民航快遞、UPS、順豐。其中順豐為每百萬件 1.5 例，DHL 是每百萬件 0.4 例，民航快遞是每百萬件 0.9 例，UPS 是每百萬件 1.2 例。從資料來看，順豐想要達到國際水準，還有很長的路要走。

人才結構：最優也最痛

在人們的傳統觀念中，快遞員普遍都是學歷低、素質差的一群人，網上就有不少人抱怨快遞員素質低，甚至有人說「遇到素質高的快遞員完全是運氣好，素質低是正常情況」。快遞員在很多人看來，完全只是靠力氣掙點辛苦錢，根本和高學歷、高科技等詞彙搭不上邊。

其實人們有些地方是說對了，學歷偏低的確是目前快遞行業的現狀。雖然學歷不能完全代表素質，但是低學歷的確

給快遞業的轉型升級帶來了困難。當然這也是有歷史原因的，二十世紀 90 年代，快遞業興起，當時由於門檻低、回報高，大批低學歷的人湧入快遞行業，直到今天，當中不少人已經成為快遞行業的巨頭，王衛就是其中的典型，他只有高中學歷。

早期順豐其實就是王衛帶著一幫低學歷的年輕人出來打拚，我們可以想像王衛風裡來雨裡去的模樣，不知道為趕時間摔了多少跤，王衛黝黑的皮膚和渾身的傷疤見證了順豐早期的艱辛。不僅工作強度大，還要受顧客訓斥，譬如快件損壞或者延時等原因，很難想像這份勞力又勞心的工作對於當時「天之驕子」的大學生會有吸引力。在大學生心中，快遞只不過是個跑腿的體力活，與自己的學歷根本不相匹配。而且當時王衛為了快速擴大規模，根本難以顧及加盟商學歷這些細枝末節的問題，這也是如今順豐依然存在大量低學歷員工的原因。

隨著順豐進入成熟期，王衛的眼光自然會向快遞巨頭看齊，想到自己曾經因為學歷低所受的白眼，和國際四大快遞巨頭們招聘書上那醒目的大專以上學歷要求，怎能不想著提高順豐員工的學歷層次，為順豐轉型進行人才儲備呢？但是，人們先入為主的觀念會形成很強的慣性，而且 2000 年以後的順豐依然沒有能力為大學生提供豐厚的薪水，這也是短期內依然難以改變快遞人員學歷結構的原因。就以順豐在北京區域的員工為例，整個北京市大學林立，每年畢業的大學

生千千萬萬，但直到 2002 年，順豐才招到第一位本科學歷員工，實在是出人意料。

不過隨著時間的推移，王衛必須開始考慮順豐員工的學歷結構問題，因為中國快遞業已經再無敵手，想要抗衡國際快遞，順豐必須引進更多的高學歷人才。此時的王衛也逐漸將順豐轉變為全直營化企業，在員工招收方面有著絕對的主導權，他終於等到了一個好時機。2008 年的金融危機雖然重創了順豐，但同時也給了王衛改變員工結構的機會，受經濟蕭條影響，大量大學生就業困難，順豐順勢而為，第一次大量招收了本科生。

首批本科生進入順豐之後，順豐員工中高學歷的本科生不再是罕見的鳳毛麟角，而是擁有一定的數量。從 2008 年順豐員工學歷統計可以看出，華南地區的本科及以上學歷的員工已經有三千二百多人，華東基地有接近四千人，而華北地區也有二千多人。如果將三大基地的本科及以上學歷的人數占總人數的比例進行對比，將會得到非常有趣的結論。

其中華東基地的高學歷員工比例最高，華北基地次之，華南基地最低。為何華南基地會最低，要知道華南基地可是王衛的「老巢」，經營多年的他難道不想提昇華南基地的學歷層次嗎？其實這種現狀也恰恰是因為順豐起源於華南，由於順豐在廣東紮根已久，所以會遺留下大量曾經一起創業的老員工，這也是拉低學歷層次的一大原因；同時華南地區高校數量不及華東和華北，無法提供像華東華北那樣大量的本

科生；最後是因為華南地區經商氛圍濃厚，現在依然存在不重學歷的思想。

再將華東和華北地區作一個比較，更可以看出不同地區文化氛圍的不同。華東和華北同樣擁有大量的高校，為何華北地區本科生不太願意進入順豐？除了順豐經營華北時日尚淺，與北方學術、政治氣氛較濃也有關，北方學子普遍較南方學子更為「矜持」，內心依然不齒進入這個「不甚光鮮」的行業，換句話說就是比較愛面子，而務實的南方學子很少考慮這些問題，只要有足夠的發展空間，能夠賺足荷包，面子之類的問題並不在其考慮問題的首位。

分析不同地區大學學子的心理需求，對於順豐未來招收大學生還是有一定的指標意義，能夠準確把握潛在的影響因素，才能在招聘過程中使出對大學生胃口的招數。不過一路摸爬滾打，早已人情練達的王衛顯然也注意到了這些問題。王衛從 2007 年開始就一直在大幅度提升一線快遞員的基本工資，每年漲幅都在 20％以上，2010 年甚至成為所有行業裡加薪頻率最高、幅度最大的企業之一。當然，順豐一線快遞員的收入主要是靠快遞業務量的提成，其實所謂基本工資，根本無關痛癢，沒有人會指望靠著基本工資生活，但是大幅度提升基本工資的確讓順豐陡然門面換新，不再給人低層次行業的錯覺。

雖然本科生的比例非常低，但提升學歷層次最有效的做法並不是吸引高學歷人才，因為這是一個長期的工作，不可

能一時半刻改變，更有效的辦法是儘量降低初中及初中以下低學歷人員的所占比例，這是可以在較短時間內做到的。現在在順豐員工中依然有接近 26％的低學歷員工，而且這類員工多為一線快遞員，直接代表順豐的形象，這是王衛所面臨的更緊急問題。

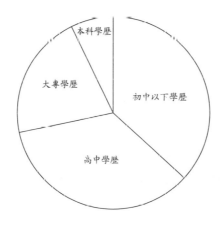

在王衛的大力吸引下，2013 年，順豐已經擁有了相當數量的本科生。不過這些普遍較為嬌生慣養的 90 後們，也著實讓王衛費了番心思。在 2013 年 7 月的迎新會議上，王衛就給大學生新員工做足了心理輔導工作。

他說：「首先凡事做最壞的打算，做最好的準備……成功是沒有捷徑的，一定要經歷『艱難困苦，玉汝於成』這麼一個過程。如果你是一個很理性的年輕人，請相信我所講的話，你要學會面對現實，一步一個腳印，腳踏實地地走下

去。凡事做最壞的打算，做最好的準備，你的人生之路走起來會順很多。

「其次明白生活的意義，認清工作的價值。社會不斷向前發展，一代人只會更比一代人進步。90 後要吸收 80 後、70 後身上的優點，再總結不同年代人身上的優點，優點要積極傳承，缺點要積極改正。在我看來，人生要美滿，首先要有一定的刻苦精神……但是我們這一代人，還包括更上一代人，都不太會平衡身體健康、個人生活品質、家庭和工作，那麼，新一代人出來工作，除了養家糊口外，更要平衡好工作和身體的關係。

「我們以前很多人工作都是為了糊口，新一代人剛踏入社會工作，基本上沒有糊口的壓力，就要多問一問自己的工作有沒有價值。這個價值不在於賺多少錢，而在於你和你的工作在社會上是不是得到認可，是不是創造了價值。我們新一代的年輕人要靠自己真本事，靠對工作的熱忱、好的服務和客戶滿意去賺到錢，這才是對社會對他人有貢獻的事情。這種價值回報、這種滿足感，甚至可以超過物質的回報。

「最後還要懂得成長和夢想需要付出代價，但都值得。曾經有年輕人問我，怎樣才能成為一個成功人士，在我看來這個問題沒有標準答案。每個人都有自己不同的機會和命運，每個人的成長軌跡都很難複製，你自己能掌握的就是你的態度。

「在日常工作和生活中要怎麼做呢？其實很簡單：首先要

學會謙卑，人生有許多東西是書本裡學不到的。從人生態度上來說，就是不要把自己的位置放得很高，要放低點，但對自己要求可以很高，這一高一低之間，就有空間可以承載很多東西，學習很多東西。就拿我個人來說，出來社會工作到現在，從个同人那裡學到很多東西，他們都是我的老師，因為他們把人生最寶貴的東西總結出來以後交給我，再加上親身實踐，讓我受益匪淺。其次，要心中有愛。佛經有云：大悲通體，別人的苦難，你要感同身受。懷著大愛的故事，你的頭頂會有光環的，自然會一路順暢。」

儘管王衛為了改變人才結構做了大量努力，但與國際快遞巨頭相比依然是相去甚遠，然而即使如此，順豐竟然還是中國快遞企業中學歷結構最優秀的企業，其他快遞企業的人才結構也就可想而知了。所以無論是順豐，還是整個中國快遞業，想要完成人才升級工作，還有相當艱難的路要走。

Part 2
瘋長整合：懷菩薩心，行霹靂法

順豐是一家民營企業，我們做事不是為了向誰有個交代，我們要對得起自己的良心，對自己有個交代。我這一輩子做得最有意義和正確的一件事就是，讓順豐成為一家有良知、負責任的民營企業。我們這一批順豐人，沒有依靠政府的資助，沒有坑蒙拐騙，而是老老實實、一步一腳印地，通過大家的共同努力走到現在。我的夢想就是，若干年後，順豐成為民營企業的成功

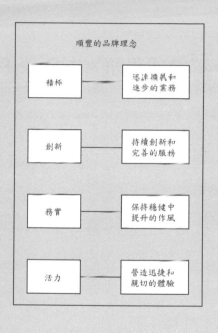

案例。我們是一群堅信誠信價值觀的順豐人，我們不為短期利益出賣自己，我們是能夠做成大事的。當我的人生走到終點，這將是我自己最大的滿足。

作為企業的老闆，你一定要知道你為了什麼。否則，就會陷入佛語說的「背心關法，為法所困」。

——王衛

第一章
戰略為王：順豐崛起的密碼

滾雪球甜頭：王衛放手，後院起火

　　隨著改革開放的深入，民營企業在 1995 年前後進入了高速發展的爆發時期。大量新成立的公司帶動了快遞行業，大大小小的快遞公司如雨後春筍般冒出來，其中，廣東的珠江三角一帶、上海附近的長江三角經濟區和以北京為中心的環渤海灣經濟帶最多。而順豐在王衛的帶領下，成功控制了整個華南地區的快遞業務。1996 年，已經穩住「老巢」廣東的王衛，看到內地市場日益繁榮，終於按捺不住內心的激情，決定走出華南，走向全中國。

　　王衛計畫先從長江三角地區入手，進而將順豐網點撒遍全中國。當時華東地區的快遞行業形勢，遠比珠江三角地區複雜得多，除了「四通一達」已經在各自的地盤上經營了多年，還有大量的街頭快遞公司和夫妻工作坊式快遞公司，整個快遞市場一片混亂。不過，這也給了王衛渾水摸魚的好機會，為了能夠快速搶占一席之地，王衛將順豐在廣東地區的模式複製到華東。但是不久王衛就發現，由於市場太大，順豐本身的資金根本不足以在短時間內成立大量營業點，為了

能夠在短時間內布下足夠多的網點，順豐和當時的「四通一達」一樣，採用了加盟模式來迅速擴大企業規模。

順豐在長江三角地區每設立一個網點，就成立一個公司，由各地的順豐速運公司組建成順豐的快遞網路，這種情況一直持續到 2002 年，在此之前的順豐只有各個地區的分公司，沒有總部，分公司完全由加盟商獨立經營。王衛依靠這種相對簡單的加盟式合作，成功打入華東快遞市場。

滾雪球式的加盟行銷方式讓順豐在華東地區迅速布下了大量的營業點，而且還省去不少開銷，王衛嘗到了不少甜頭。之後的兩三年裡，王衛更是以華東地區為前哨站，將順豐推向華中、華北地區，此時的順豐步入了高速擴張的發展時期。為了鋪設更為廣闊的快遞網路，王衛將利潤的大部分投資到擴大規模中去，同時還制定了一系列適用全中國的快遞標準，以此來更好地管理順豐。最終在王衛的帶領下，順豐成為民營快遞企業中的巨頭。

在 1999 年之後，順豐就已進入穩定成長期，忙碌了幾年的王衛決定給自己好好放個假，在 2002 年之前，王衛幾乎完全淡出了順豐的日常管理工作。在私生活方面，王衛身上有著典型的粵商風格：顧家、低調、信佛。在相對空閒的這三年裡，王衛每天與妻子過著逍遙自在的生活，一起爬山、釣魚等，閒暇時間喝喝茶；出門也是不修邊幅，隨便穿著一件樸素的襯衫，反正也沒有人認識他是誰。受佛教文化的影響，王衛性格有淡泊的一面，他從不抽煙、喝酒，而且也很

少說話，唯一比較像年輕人愛好的激烈運動，就是騎越野自行車了。有空時，王衛會和自行車友們一起玩高山速降車運動。那幾年王衛過得像個隱士，不僅公眾沒有他的任何消息，甚至連順豐員工都很少遇到王衛。

不過王衛也並非將順豐完全交由公司的管理團隊管理，在遊玩放鬆之餘，他對順豐發展過程中的重大問題還是相當關注，尤其是涉及順豐信譽的事情他總是格外重視，畢竟那是他親手一點一滴攢起來的。在順豐發展壯大的過程中，有關順豐的負面消息也不可避免地隨之而來，多是一些順豐分揀粗暴等服務上的問題。

面對這種情況，順豐能做的就是有則改之無則加勉，儘量不給別人留下口實。王衛為提高順豐的整體服務品質，制定了更為精細的企業操作規章制度。原本以為可以解決問題的王衛，在此之後依然經常聽到關於順豐的負面新聞，他決定認真查找到底是哪個環節出了問題。很快，王衛就發現，問題的根源不是他制定的規則不夠詳細，而是下面一些營業點加盟商為了保證一定的快遞分揀速度，尤其是在比較中心的中轉場，負責分揀的員工根本不會執行所謂的操作規範。

在多次強調無效之後，王衛開始思考順豐的管理模式。他對比了國際上的一些快遞巨頭，很快就發現，全球四大快遞企業全是採用直營模式，而順豐採用的是加盟行銷模式。

企業發展初期，為了儘快擴大市場規模，占據更多市場占有率，加盟行銷模式是最好的選擇，因為這種方式的成本

遠低於直營模式，順豐初期也的確依靠這種方法才能在資金不足的情況下，快速走向全中國。

不過，加盟行銷模式的劣勢也是相當明顯，因為各加盟商自主擁有順豐的經營點，根本就是順豐帝國裡一個個獨立的小王國，雖然順豐有統一的規章制度，但加盟商為了自身利益，並不會顧及順豐這塊招牌的長遠利益。因此，一些加盟商為了提高效率，分揀粗暴是相當常見的。其次還有加盟商在順豐的運輸車上夾帶自己接的私貨，以謀取更多利益；而順豐主要服務於中高端客戶，這類客戶大多更注重快遞的服務品質和速度，夾帶一些低端大體積私貨，必然會導致快遞延時、破損等問題。更有甚者，一些加盟商利用順豐的招牌經營多年，不僅在下面儼然像一個小諸侯國，最後更是直接挖走順豐的客戶，另立山頭去了，這一系列問題都值得王衛去思考。

管理上的問題日益嚴重，大量的負面新聞纏在順豐身上，產生的後果就是客戶對順豐感到失望，而快遞行業是非常需要客戶忠誠度的行業，一旦得罪客戶一次，客戶可能再也不會選擇順豐。眼看著順豐一步步走向混亂與崩潰，王衛再也坐不住了，經過深思熟慮之後，他開始重新親自掌控順豐，著手解決順豐的弊病。

天堂與地獄的抉擇：強硬直營

面對管理上的亂局，王衛面前只有三條路可以選擇：第一條路最緩和，就是繼續保持加盟行銷模式，在此基礎上，增加一些有效的獎懲管理措施，譬如末位淘汰制度，藉此清除一些完全不符合順豐要求的加盟商，達到殺雞儆猴的效果，同行業內其他快遞企業一般都是採用這種方法來管理加盟商；第二條路相對折中，即既保持加盟行銷模式，也在部分營業點採用直營模式，尤其是一些中心城市的中心中轉場，這相當於卡住整個快遞網路的咽喉，其他地區的加盟商自然能夠受制於總部，這種方法直到今天依然被一些業內領先的民營快遞公司所採用；最後一條路則是王衛走的路，一條至今只有他敢走的路——全面直營化。

對於一家快遞企業來說，可以有一萬個理由支持直營化，譬如便於標準化管理，易於提高整體服務品質，方便總部整合快遞網路，統一配貨和運輸等等。直營化是快遞企業發展到成熟期最好的選擇，從國際快遞幾大巨頭全都選擇直營化就可以看到快遞業未來的發展趨勢。從理論上來說，直營化唯一的缺點就是需要消耗大量資金。順豐初期時王衛是沒錢，而對於 1999 年的王衛來說，錢已經不是太大的問題，資金方面完全具備變革的條件。

不過，王衛在採取行動之前也並非沒有猶豫，畢竟中國還沒有全直營式的快遞公司。而且，雖然當時加盟商給順豐

帶來了不少麻煩，但王衛也由此體驗到順豐高速擴張所帶來的快感，一旦變革，順豐的擴張規模將不可避免地慢下來。最大的難題就是要說服大量順豐在各地的加盟商們，讓他們變身為管理者，而非順豐營業點的所有人。

這其中的困難也很好理解。中國人的思維是「寧為雞口，不為牛後」，每個順豐營業點雖小，但是每個加盟商都是自己說了算，擁有完全的自由，基本上不受順豐總部的任何限制，而一旦轉換身分，作為管理者，那就只是千萬順豐營業點中的一位管理者，而且受到公司制度、審核制度的嚴格約束，面臨開除等危險，這是每個加盟商都不願意面對的結果，尤其在情感方面難以接受。其次是直營化嚴重損害了部分加盟商的利益。如果沒有直營化，有著自決權的加盟商可以在運輸過程中夾帶私貨以賺取外快，可順豐一旦實現直營化，就是絕無可能的事情了。這部分利益嚴格說起來並不正當，但不管怎麼說，面對一個獲利的機會，沒有多少人會願意白白將它放棄掉。

儘管有著種種難題，但為了順豐的長遠利益，王衛決定變革。王衛首先在 2002 年於深圳建立了順豐的公司總部，以此為改革的開端，進而開始全面改革順豐的連營模式。意料之中，王衛的改革措施遭到大小加盟商的強烈反對。王衛的應對方法是剛柔並濟，一方面強制要求各加盟商將股份賣給他，另一方面對於加盟商轉型為管理者以後的福利待遇，給得相當豐厚。王衛的改革從廣東開始，逐漸推廣到全中國。

由於廣東他經營了多年，所以雖然困難重重，相對還是比較順利地拿下了，而在廣東以外的地區，加盟商們的反抗激烈得多，不僅如此，同一地區的加盟商還拉幫結派反抗王衛前來「收編」。但是，王衛依然強行推行他的改革政策，在此期間，他受到部分加盟商含有警告意味的生命安全威脅。

到了這一步，一般人早已收手，畢竟自身和家人的生命安全是更重要的。就拿「四通一達」來說，有遠見的快遞地領導人不止王衛一位，而且直營化的優勢也是相當明顯的，可是為什麼「四通一達」會變革失敗，甚至連嘗試變革的勇氣都沒有？想來與這些因觸動他人「利益」而造成的危險不無關係。至於王衛為何敢強力推行變革，其性格的影響非常明顯。首先廣東人做生意向來是敢為天下先，只要是對的事情，肯定會嘗試；其次王衛雖然平時性格淡泊，但是極為喜愛極限自行車運動，甚至還說過他的第一職業是越野自行車，第二職業才是快遞，哪怕身上為了這項危險的運動打上了鋼釘，依然不減熱情，可見王衛性格中冒險和硬朗的一面。

這些性格特質都讓王衛在面對困難時毫不退卻，哪怕是遭遇威脅生命的恐嚇也決不退縮。王衛冷酷地推行著他的改革，到了後期還剩下一些「釘子戶」，王衛甚至開出類似最後通牒的通知，要求在截止日期前，要麼把公司股份賣給他，要麼就滾出順豐。王衛的強勢改革，給他帶來了殺身之禍，一些加盟商為了一己私利，竟敢找人追殺王衛。現在的

王衛無論去哪身邊總會有幾個彪形大漢保護，可見當年的事情給他留下了陰影。

在扛過最艱難的一段日子後，一些持觀望態度的加盟商也最終放棄了抵抗，王衛用了六年時間，直到 2008 年才完成全中國順豐營業點的直營化過程，成為中國唯一一家完全直營的民營快遞企業。

雖然直營化過程中王衛遇到了各種各樣的困難，甚至差點為此喪命，但完成直營化的好處顯然也是難以估量的。首先是王衛在順豐員工中樹立了無上的威信，自此之後，再也沒有人敢違背王衛定下的規章制度，王衛在管理整個順豐時得心應手；其次就是順豐在中國快遞市場的未來競爭中，將擁有巨大的優勢，如果不出意外的話，未來民營快遞企業中，順豐必將成為行業巨頭。

直營下的集權式管理

在「四通一達」中，申通快遞的發展勢頭和市場占有率都不錯，能夠站出來和順豐 PK 一下。申通是江浙滬地區的快遞小霸王，與另外的「三通一達」相比，申通在服務品質和速度，以及業務的多元化上都占有相當的優勢。

和順豐相比，申通快遞價格便宜，具有一定的優勢，當時，如果從北京往上海寄一個普通快件，順豐需要人民幣 22 元，申通只需要人民幣 16 元。國際快件的價格差距則會

更大，北京發往新加坡的普通快件，順豐價格為人民幣 140 元，申通價格只有人民幣 50 元。

在低價優勢之下，申通的營業額超過了順豐：2006 年的營業額為 36 億元，比順豐的營業額多 8 億元。不過，企業發展如同跑馬拉松，下一個路口就可能被別人趕超。2010 年，申通營業額為 80 億，比順豐的營業額少了 50 億。申通被趕超，甚至和順豐的差距越拉越大，其根本原因是服務水準上的差距。

服務水準好與不好誰說了算？當然是客戶，更通俗地說就是客戶用了你家的快遞心情好不好。影響客戶心情的因素中最重要的是快遞速度。順豐速運有自己的專屬運貨飛機，他們向客戶承諾，今天寄出快速，明天就能收到，地方較偏遠的延長一天；大部分申通快遞則要隔一天才能到達。除了快遞的寄送速度，快遞員的上門取貨速度以及服務態度等也會影響客戶的心情，在這方面，申通收到的投訴要遠遠多過順豐。

雖然申通的低價吸引了一部分客戶，但並不能因此勝過順豐，因為服務水準的高品質才是取勝的關鍵。從快遞行業的統計來看，不管是投訴率還是業務種類，或是快件的安全度和增值服務，申通都略輸順豐。兩家快遞公司在服務水準上的差距，根源在於運營體制的不同，申通的加盟形式輸給了順豐的直營形式。

加盟模式，是指加盟總公司與加盟店之間採取合約關係，共同管理一個品牌。但是，他們各自獨立負責自己的經

營，最終將盈利按照合約規定的比例來分配。在分割利益的同時，加盟商也需要在前期投入一定比例的資金，這在一定程度上可以降低雙方的投資風險。與之對應的，各自經營決定了資本的集中程度較低，總公司很難管控加盟商的運營和管理，難以建立統一、高標準的品牌服務水準。

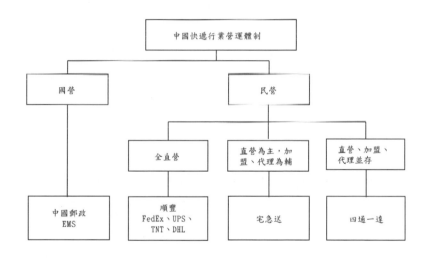

快遞公司的加盟式運營也難逃這樣的問題，快遞總公司向外發布的是一次性的指令，也就是一次性付出到達的費用送到某城市的某個區。加盟後，一個城市的不同區之間是不同的加盟商，快件並不能一次性到達指定區域，而是要經過幾次中轉，這就增加了很多費用，這個費用需要加盟商自己承擔。

於是，快遞業出現了加盟商要免費給總公司派送快件的

情況，這就意味著加盟總公司和加盟商之間的利益分配不均勻。很多加盟商因此要求補償，不然就以扣件作為要脅，還有的是向客戶收取一筆「轉嫁費」，作為轉區的補償。經常有客戶很久沒有收到快遞，打電話諮詢，得到的答覆就是「您的快遞不屬於我們區，轉到您所在的縣需要額外支付一筆轉嫁費」。很多人為了拿到自己的東西，只得忍氣吞聲地為這種轉嫁買單。

利益分配出現問題後，客戶那裡的末端服務品質必然得不到保障，這也是很多快遞員服務品質很差，還不怕被投訴的原因。

中國幾個較大較知名的快遞公司中，只有 EMS 和順豐是直營式，其他如「四通一達」都是加盟式。這其中最有能力與順豐 PK 的申通在其他方面都很有優勢，但就是服務水準難以與順豐抗衡。申通總部肯定想過要對此進行管控，但是被困於加盟的死穴之中，管理工作很難開展，總部於是成了接收客戶投訴的消防隊來說幾句好話救救火，卻不能從根本上杜絕這種情況。

順豐採用直營模式，由王衛集中管理。王衛規定所有分公司統一聽從總公司的安排，包括各項費用的調配、公司發展戰略、員工招聘、解僱以及公司資源的運用，直營的方式避免了分公司與總公司間的利益衝突，保證相應的戰略和規章能夠落實到服務終端的每個人身上，確保命令的快速傳達，快遞員由此能夠熟練掌握標準規範的操作流程，逐漸鍛

錬出優秀的業務處理能力。

直營模式下，王衛設立了全中國統一電話，撥打這個電話，不管你在哪個城市的哪個角落，一小時內一定會有順豐員工上門服務，於是人們將順豐戲稱為「快遞界的麥當勞」。

直營模式的好處顯而易見，但為何申通等業界能手依然使用加盟方式呢？首先，直營需要相當雄厚的經濟實力，一方面要用於創建覆蓋面廣的網路，另一方面用於管理。和王衛相比，其他公司就沒有這樣的魄力。王衛願意投入大手筆做一件事情，這從順豐員工的工資是業界平均水準的兩三倍、王衛創業之初就投入大量資金用於網路化運營的建設等方面就能看出。另外，直營模式需要一大批高水準的中高層管理人員。一般的快遞公司為此開出的薪酬是十萬人民幣，王衛開的價則是他們的一倍，誰能搶到高品質的管理階層就不言而喻了。

差異化選靶：瞄準中高端市場

孫子說：「我專為一，敵分為十，是以十攻其一也，則我眾而敵寡；能以眾擊寡者，則吾之所與戰者約矣。」（《孫子兵法・虛實第六》）意思是說，我集中兵力為一處，敵分散兵力為十處，這就形成局部以十攻一的態勢，那麼，我則兵力眾多而敵人兵力寡少；能以眾多兵力對付寡少兵力，與我交戰的敵人就陷入困境了。

孫子分敵於十處，形成以多打少的局面，最終能獲勝。對於企業而言，對市場進行區隔，對客戶需求進行區分，找到市場差異，專攻一處，和競爭對手拉開差距的機率就會更大，從而為自己贏得發展空間。

所謂市場區隔，就是行銷者通過市場調查，依據消費者的需要和慾望、購買行為和購買習慣等方面的差異，把某一產品的市場整體劃分為若干消費者群的市場分類過程。每一個消費者群就是一個區隔市場，每一個區隔市場都是具有類似需求傾向的消費者所構成的群體。

市場區隔有很多標準，比如可以從年齡上來分，從經濟能力上來分，從性別或者性格上來分，不同的市場就會有不同的產品需求，比如按照性別將化妝品分為男性化妝品和女性化妝品市場。

隨著人們的需求越來越多，市場競爭也越來越激烈，這時區隔市場就要考慮到另一個因素——市場條件。在市場區隔上最典型的例子就是寶僑公司，如洗衣粉、肥皂等不同產品，在人們的需求越來越多後，根據市場條件進一步細分。以概念和效果最明顯的洗髮精為例，海倫仙度絲代表著去頭皮屑，潘婷代表營養和健康髮質，飛柔代表柔順，沙宣代表專業與時尚，而可麗柔代表了草本。

王衛在創業之初就將這種市場區隔戰略注入順豐。2002年，快遞就像春天樹上剛吐露的新芽，還很稚嫩，所以各快遞公司在運營模式上都相互模仿，因為沒有什麼模式可以遵

循，於是大家都是只要有快件就收。王衛對這方面的思考就顯得很成熟，他研究市場情況和客戶需求，並進行區隔：中國的高端市場是四大國際快遞的地盤，低端的同城快遞不在考慮範圍內，王衛選擇中端客戶群作為自己的業務範圍。

區隔了市場之後，王衛又根據客戶需求和貢獻度對市場內部業務進行細分。

鎖定了目標群體，王衛又制定出相應的服務專案和價格。在快遞業務上，只接手商業文件和小件物品的派送，對於體積大重量高的大件物品，一單超過 5,000 元人民幣的則不予理會。至於價格則是一公斤 20 元人民幣，差不多是其他快遞公司的一倍還多。

順豐針對不同客戶也細分了服務專案，最基本的服務是下單、快遞追蹤、理賠、投訴、建議和需求、網路以及短信服務；增值服務是指日常管理、物料直接配送、電子帳單、客戶自助服務、電子專刊、業務主動推薦以及積分主動兌換服務；專享服務是指分支機構集中付款、國內協力廠商支

付、指定時間收派、贈送列印設備、綠色服務通道以及服務流程簡化等。

隨著業務擴展，後來王衛將原有的客戶劃分進行了調整，以現有的客戶為基礎，排名在前 4% 的為大客戶，包括專案客戶和 VIP 客戶；排名在大客戶後面 15% 的為中階客戶；中階客戶之後的 80% 為普通客戶；剩餘的為流動客戶。針對不同的客戶群體，王衛制定了不同的服務，服務品質保證不打折，只是在行銷策略和服務專案數量上有區別。

客戶 等級	專案客戶	VIP 客戶	中端客戶	普通客戶	流動客戶
月貢獻度	≧ 10 萬	1 萬～10 萬	2,000～10,000	300～2,000	< 300
服務需求	在增值服務的基礎上提供專享服務	在標準服務的基礎上提供專享服務	便捷、品質穩定的服務	便捷的服務	基本服務

一直到現在，王衛依然堅持這樣的市場定位，也因此拉開了自己與其他快遞公司的距離。憑藉著精確的定位和明顯的差異化，2010 年順豐賺到了一百三十億的利潤，占 18% 的快遞市場占有率，僅次於國有快遞 EMS。對市場需求進行精準區隔是順豐能夠從眾多快遞公司之中脫穎而出的獲勝之道。

2013 年 7 月，王衛更是在順豐的內部談話中肯定了當初差異化戰略的成功，並親自向外道出了他是如何具體實施

這一戰略。王衛說道：「順豐能夠走到今天，有一些和其他快遞不一樣的地方，那就是差異化的競爭策略。我們所提供的快遞服務和自身的市場定位，與其他快遞公司是不太一樣的，並且我們能夠讓消費者很清楚地知道，順豐所提供的服務和其他快遞有什麼不同。成功定位是一家公司能夠取得成功的重要因素之一，而在快遞行業，贏得口碑和市場滿意度是相當重要的。」

從順豐區隔市場的差異化戰略能夠看出，企業如果能夠先於競爭對手捕捉到有價值的區分新方法，通常就可以搶先獲得持久的競爭優勢，就可以比競爭對手更適應買方的真實需求。

四日件，客戶領情了嗎

聯邦快遞之父弗雷德・史密斯曾說：「想稱霸市場，首先要讓客戶的心跟著你走，然後讓客戶的荷包跟著你走。」但客戶的心不是隨隨便便任你驅使的，也只有高度滿意的客戶才能心甘情願地向你敞開荷包。對企業來說，不管是提供全程服務還是個性服務，都是為了讓客戶百分百滿意。

創業以來，順豐專注而高品質的服務贏得了一大批忠實粉絲，但隨著快遞市場的高速發展，國際巨頭 FedEx、UPS等對中國市場虎視眈眈，同時，由於准許入門的門檻低，中國各大民營快遞公司如雨後春筍般迅速生長，列土封疆。

中國客戶開始不滿足於順豐高品質但高價格的服務，而隨著電子商務的快速崛起，網購一族也成了快遞消費的主力軍。「四通一達」借勢而起，迅速占領了這塊潛力巨大的市場。同時，國際巨頭繼《郵政法》實施的尷尬後，又向國家郵政局提出經營中國快遞業務的申請，並於 2012 年 9 月獲批。若 UPS、FedEx 這兩大國際快遞巨頭進軍中國市場，之前因國家政策限制外資快遞進入而引起快遞業的「短暫春天」，很可能因此降溫，順豐目前的市場定位也可能受到衝擊。

2012 年 8 月 1 日，順豐推出了「四日件」服務，主要以異地快件運送為主，首次將觸角伸向了低端市場。該服務主要面向淘寶賣家，順豐已開通五百六十二條陸運線路，可以支援中國二十九個省市的陸地運輸。首重（基本計價單位）價格從人民幣 22 元降到了 18 元，續重（基本計價單位的後續加乘）也從人民幣 14 元／公斤減少為 7 元／公斤。隨著價格的下調，送達速度也相對變慢，大概與航空快遞有一到二天的差距，預計四個工作日送達。同時，「四日件」仍然享受順豐「收一派二」的精品服務，同時保價、自助服務、代收貨款等航空件增值服務也都包含在「四日件」服務內。

從中高端市場走下，面對價格較低、速度較慢但服務不低的「四日件」，消費者們是否領情呢？

很多經營化妝品、音像製品、液體商品、粉末狀商品的電子商務，對此舉十分看好。他們的商品無法經由航空運

輸，而順豐提供了「四日件」經濟快遞，在帶給他們低價格的同時，也方便了此類商品的運送。同時順豐的高品質服務也令他們對商品的運輸過程放心，購買商品的顧客也能因此得到更好的服務，因此可以更好地維護客戶關係。不少淘寶買家在購買商品時並不看重抵達時間，而順豐減速卻不減品質的服務令他們心生青睞。雖然相比較「四通一達」稍貴，但考慮到快遞安全、服務態度等問題，價格也在可承受範圍內，因此順豐憑藉著「四日件」漸漸在電子商務市場上分得一杯羹。在有無數好評的同時，「四日件」也有一些中差評，部分淘寶買家對此舉頗有微詞，認為雖然價格降低，但速度實在有點慢，因此不會選用「四日件」。

而精明的賣家已經算了一筆賬：以從濟南到廣州為例，10 公斤的商品用順豐標準快遞需花費人民幣 148 元，而選用「四日件」只需人民幣 81 元，節省了近半的花費。但如果只需寄送 1 公斤的物件，「四日件」為人民幣 18 元，僅比標準快件優惠 3 元。可見，優惠程度因寄送物品重量不同而有所改變。

而橫向與其他快遞相比，同樣是 10 公斤商品從濟南到廣州，中通要價人民幣 110 元，韻達為人民幣 87 元，中通、圓通、天天等快遞只需人民幣 70 元左右。「四日件」的價格在中等水準，比上不足比下有餘，而藉著順豐的服務口碑，「四日件」的推出可以吸引一大批顧客。

2012 年，中國快遞行業已連續十六個月增長速度超

50%，隨著快遞的飛速發展，顧客的需求日益細化，服務、價格等的平衡更加被量化。而隨著中國競爭的逐漸激烈，市場區隔才能實現更多的利益分享。快遞服務就是「在正確的時間，將貨物送到正確的地點交給正確的人」，不管是要求快遞或者慢遞，或者要求「限時服務」、「上門取件」，都是快遞服務的本質。而面對日益細化的市場，順豐及時做出應對，在越來越親近普通群眾的同時也為自己贏得了更大的發展空間。

但現在在順豐的官網上，「四日件」已不見蹤跡，取而代之的是順豐特惠。這是一個整合了「四日件」、港澳經濟快件等的陸運快件，同時針對顧客非緊急寄件需求推出的經濟型快件。其價格也與「四日件」一樣，走下了中高端的金字塔，更加親民，雖降低了運送速度卻不減高品質服務，更能滿足客戶多樣化的需求。

雖然「四日件」獲得了成功，但是順豐的管理階層依然對走下中高端市場存有疑慮，為此王衛在 2013 年的年初談話中，作出了解釋：「我們現在必須做出改變，要把公司的經營思路全面扭轉，改變閉門造車的模式，走到客戶中間去，看看他們真正需要什麼樣的快遞服務，為他們量身定做一些東西。如此一來，公司內部的所有環節都要以客戶為導向，而不是拍拍腦袋想當然地做決定還自我感覺良好 —— 這樣做的結果往往是，你自以為為客戶操碎了心，而人家根本不領你的情。

「真正以市場為導向，不是哪個職能部門說了算，也不是總部哪個總裁說了算，當然也不是我王衛說了算，而是客戶說了算，客戶才是我們真正的老闆。客戶說他需要什麼樣的服務，我們能夠做到，而且做出來能夠令他滿意，那才是真正的好，才是皆大歡喜的雙贏局面，才是公司的長遠發展之道。所以我今年把所有的組織架構、激勵方案、考核辦法等都做了調整。我相信，這一整套東西算是為順豐接下來第三個十年的發展引擎，做一個改造升級的工程。」

變幻莫測的客戶需求，依然容不得順豐放鬆，過去快遞企業把自認為好的產品和服務推銷給客戶，而當前的市場變化要求快遞企業像王衛說的一樣「走到客戶中間去」，圍繞客戶真正的需求為他們量身定做相應的產品和服務。如何圍繞客戶體驗的優化而進行服務改進。

戰略大腦：專注比什麼都重要

曾經有人用軍隊來比喻中國快遞行業的格局，其中中國郵政和順豐屬於正規軍隊，「四通一達」叫作軍閥部隊，而宅急送和其他一些不知名的小快遞公司被稱為「遊擊隊」。

1993 年，快遞業異軍突起，其中有三家公司成為後來的行業主力軍——宅急送、申通和順豐。創業之初，三個創始人都不是要幹上什麼大事業，而只是為了養家糊口填飽肚子。宅急送為了有業務不至於虧本，送過牛奶和鮮花，還接

些搬家送貨的活兒；申通創辦之初是搞貨運的，只在上海和杭州之間來回穿梭；至於順豐，王衛那個時候每天背著書包親自送快件。

從消費者的角度來看，考量一家快遞是不是合心意，一般有四個標準。

從快遞費用上來看，順豐並不占優勢，因為王衛這個順豐的「戰略大腦」鎖定的是中高端客戶人群，而且順豐貴有貴的道理，高資費對應的是高水準的服務。他為順豐制定了統一的服務標準，其他快遞公司還不能保證三天內送達的時候，順豐快件兩天內就可寄到，真正做到了「順風」。不但在速度上占有優勢，順豐的快件損壞和丟失情況都比其他快遞公司好很多。憑藉著出色的服務，王衛帶領順豐迅速地拿下了中高端市場。

至於服務態度，每個順豐快遞員在上工之前都要進行一

系列培訓，考核合格才能上工，快遞員的服務態度由客戶的投訴情況來衡量。王衛還規定員工的工資直接與送件的數量掛鉤，所以曾有順豐員工在送快遞的路上跌倒了，爬起來繼續奔跑的事情廣為流傳。雖說王衛將順豐經營得風生水起，但苦於整個快遞市場的不景氣，收益也不是很好。

就在這個時候，快遞市場迎來了它的春天，2003 年「非典」（SARS）席捲中國，外面變得空空蕩蕩，人們都躲在家裡上網，網購成為那時最熱門的事情，快遞市場也隨之火熱了起來。順豐的貨物量激增，王衛這時發現，當貨物達到一定數量後，用飛機或汽車運輸在成本上相差很小，既然這樣，為何不採用速度更快的飛機運輸呢？加上「非典」的影響，這時的空中運輸價格跌入低谷，王衛順勢與航空公司簽下了租賃合約。

自從用飛機為快件護航，順豐的速度更快了，王衛又推出了限時服務。當其他快遞公司含糊地說「差不多三天能到」的時候，順豐承諾「48 小時一定送達，加急快件 24 小時一定到」。在穩穩籠絡住原有客戶的心時，順豐的中高端市場不斷擴大。隨著人們消費水準的提高，越來越多的人渴望享受更高水準的服務，因此服務更可靠、速度更迅捷的順豐越來越受青睞，很多低端市場中的客戶也被吸引過來。雖說在淘寶上購物，寄其他快遞可以包郵，寄順豐就要加郵費，但順豐在網購中依然不乏粉絲。

隨著網購的火熱，四通一達幾個快遞公司的淘寶件占到

自己公司業務的絕大部分，但順豐的淘寶件只是自己業務的十分之一。其他快遞公司確實都靠著網購的火熱大賺了一筆，王衛能否保證自己的業務不被網購所衝擊，順利度過被網購引領的快遞之風呢？

是否進軍淘寶是擺在王衛面前的一個難題。首先，公司的快件業務朝向網購發展就意味著要放下中高端市場的定位，轉向低端市場。低端市場最典型的競爭方式就是打價格戰，誰在價格上更低就更有優勢，從這一點來講，順豐未必能在低端市場中分得一杯羹。另外，順豐在開闢中高端市場時投資不小，放棄之前打下的一片天是不是合算呢？

而且，2011 年 1 月，阿里巴巴公司的「物流合作夥伴發展大會」在北京舉行，馬雲宣布了大物流戰略，也就是將來有一天將會擁有自己的物流系統，正如凡客誠品等企業一樣，不再需要專業物流公司的參與。對王衛來說，此時放棄原來的市場而參與到不知道哪天就會消失的市場裡，豈不是得不償失？

為了增強與「四通一達」競爭的實力，王衛在綜合考慮多方因素之後，決定繼續堅持原有的市場定位，但是在戰略上做一些轉型，比如不再單一地只寄送快遞業務，而是逐漸向綜合物流方向發展。

再來看看當初一起創業的「快遞兄弟」們，宅急送在發展戰略上做出調整，結果轉型失敗，「四通一達」則一直做得不溫不火。縱觀順豐的發展，重點就在於王衛能夠在關鍵

時刻為公司制定合適的發展戰略。即使「四通一達」現在開始模仿和追擊，也難以超越順豐，因為這不僅要看自己的戰略，還要看是否有合適的時機。

為何順豐漲價沒事

伴隨著以淘寶交易平臺為代表的電子商務模式快速發展，快遞行業迎來了二次高峰，僅僅淘寶一家，每天的快遞發送量就高達三四百萬件。面對如此巨大的利益，「四通一達」率先搶占電子商務的快遞市場，賺得盆滿缽滿，一時間，淘寶快遞業務甚至占「四通一達」全部業務的70％左右。

王衛沒有參與這場近乎瘋狂的搶占行動，對於如此明顯的商機，王衛不可能沒有察覺，但他有著自己的考慮。

在「四通一達」大快朵頤，享受電子商務快遞帶來的利潤之時，王衛依舊默默地做著自己的中高端快遞市場，即使進入電子商務市場，也只是小型的試水溫行動。王衛的專注，讓順豐贏得了中高端快遞市場的大部分占有率，高品質的服務使人們接受了相對較高的快遞價格，而且中高端市場的客戶對於價格的確不是很敏感。所以雖然順豐接單數量不及「四通一達」，但是由於單筆利潤高於低端市場的電子商務快遞，順豐依然穩坐民營快遞企業的龍頭位置。

新《郵政法》的頒布，促使整個快遞行業進行了一次大整

合，大批中小型快遞公司倒閉，民營快遞企業中則有幾家因此得以發展壯大，順豐、宅急送和「四通一達」瓜分了主要的市場占有率。不過這也讓從未正面交鋒的幾個巨頭不得不面臨接下來的競爭，尤其是同在電子商務快遞領域交鋒的「四通一達」，因為以往作為緩衝地帶的中小型快遞企業已經幾近消亡。

新《郵政法》還保障了快遞人員的利益，要求快遞企業必須為每個快遞員購買保險等福利。由於順豐一直做利潤較高的中高端快遞業務，這項規定對於順豐來說並不是很大的問題。而對於「四通一達」來說則是不小的壓力，接單量巨大的「四通一達」需要大量勞動力，全部為之購買保險將形成巨大的經濟負擔，在福州一帶圓通甚至爆發過員工罷工要求購買保險的活動。此後，順豐和「四通一達」形成了兩個截然不同的循環模式：順豐因為企業利潤較高，員工福利較好，員工的工作態度普遍要好一些，也為顧客提供了更加優質的服務；「四通一達」則形成了相反的惡性循環。

隨著人力、燃油、土地等成本的增加，「四通一達」的經濟負擔越來越重，卻完全找不到解決辦法，只能提高快遞價格，可「四通一達」誰也不敢嘗試。原因很簡單，「四通一達」同為電子商務領域的快遞巨頭，服務物件和服務品質幾近相同，在同等服務品質的前提下，誰先漲價無異於給其他幾家賣了個破綻，那真是自取滅亡了。「四通一達」就像幾隻關在籠子裡的老虎，各自蹲在一角，互相瞪眼看著對方的行動，饑腸轆轆卻誰也不敢走到中央吃食物，怕前腳走，後腳

自己的地盤就被瓜分了，只能硬著頭皮頂著。

到 2009 年的冬天，中國多處都遭遇了罕見的暴風雪天氣，南方地區的凍雨天氣，更是讓快遞員難以快速完成貨物派送，加之年底前，有大批快遞員回鄉過年，更是讓快遞業雪上加霜。受此影響，強如順豐也感到有點堅持不住，宣布將在北京等局部地區小範圍調高快遞價格，以應對眼前的問題。中高端客戶並不是特別在意價格問題，只要順豐還能繼續保持高品質的服務，惡劣天氣裡提高點價格也是人之常情，客戶對此都表示可以理解。

「四通一達」遭遇了同樣的問題，加之一直以來的經濟壓力，「四通一達」中除了匯通沒有動作，其他「三通一達」再也忍耐不住，決定提高快遞價格。難道真的會有一兩家快遞企業不顧可能被瓜分的危險，掀起漲價浪潮嗎？這就把資本家們想得太善良了，對於資本家來說，聯手欺負客戶顯然是更好的選擇。統治電子商務快遞的四家快遞終於肯放下架子，聚在一起尋找解決問題的方法，很快，一拍即合的「三通一達」決定形成漲價聯盟，利用在電子商務快遞領域的壟斷地位，幾乎同時進行了漲幅在 5%～ 20% 的提價。

可以想像，這次「三通一達」的聯手漲價行動遭到了賣家和顧客的強烈抵制，廣大電子商務賣家甚至在網上呼籲，全部放棄這四家快遞企業，要知道市場中還有其他很多選擇，只不過價格稍微貴了一點。王衛看準了這個時機，利用順豐高品質服務的口碑，硬生生地從「三通一達」口中奪走

了大量客戶。「三通一達」眼看著大量客戶即將流失，再也堅持不住，僅僅一週後，「三通一達」中的中通和韻達率先發出公告，恢復之前的價格，取消漲價。至此，「漲價聯盟」土崩瓦解。

在「三通一達」漲價之前，順豐也在局部地區進行了漲價，為何順豐漲價沒事，「三通一達」的聯合漲價卻得到這樣的結局？想來除了服務物件不同以外，漲價的操作手法也是很重要的一點，順豐以在惡劣天氣下保持同樣的服務品質為由，進行了小範圍的價格調整，影響面不是很大。至於「三通一達」的漲價行動，則完完全全是一場鬧劇，在當今社會各方面資源都漲價的年代，快遞業漲價也有合理的一面，只不過「三通一達」不從提高自身服務品質著手，而是利用行業聯盟優勢，直接粗暴地宣布大幅度漲價，強勢逼迫客戶接受高價格，這實在不是智者所為。

全程關注此次漲價浪潮的王衛，對於順豐漲價為何沒事說出了更深層次的原因：「這和我們的目標管理有一定的關係，我個人不喜歡做同質化服務，在一個市場裡，我總希望有所不同。特別是，如果產品定位讓零售價格更高些，企業就有更大能力投資擴大再生產，發展後勁就更足。但你要想讓自己的零售價格高些，就得先在服務上有所不同，否則消費者是不會買帳的。

「因此，順豐這幾年一直堅持投入大量資金提高服務水準。比如，我們每年都要花費將近 3 億元購買接近二千台運

輸車輛。另外，我們從十年前就想發展自有飛機，一架飛機的採購價格要上億元，航空運輸成本也很高，特別是現在油價貴了，一趟航班光運輸成本可能就要十幾萬，還不算飛機維護和機組人員培訓的費用。此外，我們還投資研製了一套自動化分揀系統，目前已經試運行。這套系統一旦普及推廣，95%的五公斤以下快件都將實現自動分揀，分揀速度和正確率都將大大提高，我們的寄遞速度就可以更快。

「另一個關鍵因素是這幾年政府為我們營造了良好的發展環境。2008 午新《郵政法》頒布實施，我們民營快遞企業終於有了法律地位，國家明確支援民營快遞企業發展，郵政管理部門給了我們很多指導和支援，這對民營企業發展幫助很大。」

順豐在此次為期一週的漲價鬧劇中，完全沒有參與，王衛的冷靜與克制不僅讓順豐從中獲利，更給廣大電子商務客戶留下了良好印象，這對於順豐今後拓展電子商務快遞業務有相當大的幫助，因為人們在做快遞選擇時情感因素也占有很重要的地位。

第二章
像微血管一樣完成商業滲透

重磅炸彈：快遞出門檻

進入 2000 年以後，快遞行業的勢頭更是發展迅猛，王衛也抓緊機會，帶領順豐一面繼續擴大地盤，一面提高順豐的服務品質，希望能在眾多的快遞企業中保持自己的特色。

快遞業的迅速崛起，也讓更多人看到了其中了的商機，不少人依靠一間老舊的街道房屋，一部聯繫業務的電話，一輛送貨的電動車，成立了夫妻或者兄弟檔的街道快遞公司。這些看似毫不起眼的小工作坊式快遞店，給包括順豐在內的大型快遞公司帶來了不少麻煩。最直接的就是占據了一些市場占有率，雖然每一家街頭快遞公司都很小，但正所謂蟻多咬死象，還是分去了不少的快遞業務。不過這還不是大問題，真正的問題在於這些快遞企業規模小、操作不規範、服務品質差，導致人們對於快遞行業普遍抱有不信任的態度，嚴重損害了像順豐這樣負責任的快遞企業所千辛萬苦建立起的口碑。

真的有那麼嚴重嗎？的確有那麼嚴重。因為當時整個快遞行業都沒有國家政策的統一標準或者法規，完全是法律的真空地帶，國家也完全沒有注意到這個行業，哪怕是像順豐

這樣規模巨大的快遞企業，在法律上來講，依然是非法從事快遞業務，完全是個黑戶口、野孩子，得不到法律承認。王衛為了贏取客戶的信任，為順豐制定了一系列詳細的規章制度，這完全是企業自覺的行為。如今好不容易獲得的一點點信任，也被街頭快遞店的惡劣行為摧毀殆盡，一時間關於快遞行業的負面新聞屢屢見諸報端。

不過，任何事情都有兩面性，快遞業雖然常以負面新聞登上各大媒體的版面，但也終於引起了國家有關部門的注意，制定一部管理快遞行業的法律顯得刻不容緩，建立行業標準的議題被提上日程。2007 年，由國家標準化委員會帶頭，邀請了業內的三方勢力代表一同起草快遞行業標準。作為民營快遞企業的代表之一，順豐也參與了整個起草過程。在經過國有快遞企業、私營快遞、外資快遞三方各種博弈之後，於 2007 年 9 月，中國標準化研究院發布了《快遞服務》郵政行業標準。

《快遞服務》標準像一顆重磅炸彈投入了混亂的快遞行業，引起了近百萬家大大小小快遞公司的關注。《快遞服務》標準是中國第一部關於快遞行業的指導意見書，雖然不是強制執行的法律，但對於快遞企業的指導工作有著相當重要的意義。通過制定《快遞服務》標準，王衛意識到國家已經開始重視國內的快遞行業，相信在不久的將來就會有專門的法律出現，所以他嚴格依照《快遞服務》標準的規定，在順豐內部進行大規模的業務整頓，以達到國家的快遞企業標準。

通過一番企業內部優化之後，順豐不僅為即將問世的快遞法律做好了準備，也因此提高了快遞效率，降低了企業成本，並進一步擴大了市場占有率。

在王衛治理順豐內部弊病的兩年間，新的《郵政法》也在緊鑼密鼓地進行著頒布準備。2009 年 4 月 25 日，第一部正式關於快遞行業的法律新《郵政法》發布，同時也宣告順豐等幾十萬家快遞公司脫去「黑戶口」的帽子，正式成為法律認可的企業。新《郵政法》的問世，更加堅定了王衛的信心，此前他還在擔憂民營快遞企業的未來，但新《郵政法》的頒布讓他長舒一口氣。國家不僅在法律上承認了民營快遞公司，更表明在未來將大力扶持一批有實力的快遞企業，以此來對抗海外快遞巨頭。

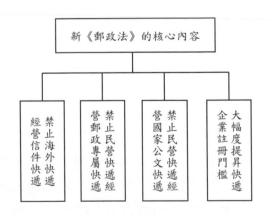

新《郵政法》首先認可了快遞企業採用特製運貨車的合法性，順豐一直採用將麵包車或者 IVECO 等後座拆除，只

留駕駛和副駕駛位置的加大型運貨車運輸，不過此前這種做法並不被允許，順豐為此每年甚至需要準備幾百萬的交通罰款預算；其次是順豐的運貨車可以進入城市的主城區，以前這種貨車是被一些大城市禁止進入主城區的，順豐運輸車必須在半夜三更偷偷摸摸地進入一些設在城市主城區的中轉站；同時還給予快遞企業在航空運輸方面的優先配艙權，不像之前只能等別的貨物裝完才能配艙；此外還給予了包括土地、貸款、稅收等各方面的優惠政策。

新《郵政法》為了整治快遞行業的混亂情況，還為快遞企業設立了市場准入門檻：「在省、自治區、直轄市範圍內經營的，註冊資本不低於人民幣 50 萬元，跨省、自治區、直轄市經營的，註冊資本不低於人民幣 100 萬元，經營國際快遞業務的，註冊資本不低於人民幣 200 萬元。」這個門檻讓絕大多數快遞公司感到絕望，因為全中國近百萬家快遞公司中，能夠達到這一標準的只有二三十家。當然，對於別人是死亡條款的門檻制度，對於早已成為行業巨頭的順豐來說是一次整合快遞行業的絕佳機會。

王衛在看到國家關於快遞方面的政策日益明朗之後，也大膽地加大投資力度：他利用國家在土地方面的優惠政策，在各大城市的航空港附近買下大量土地，建立順豐的大型中轉場，進一步穩固和擴大順豐快遞網路；同時斥資三億多購買了幾千輛運輸車；一些達不到國家標準，即將被取締的小快遞公司，王衛也大量收購，大大擴展了順豐的快遞市場網

路，以至於現在整個中國內地除了青海和西藏，其他各個省市都有順豐的營業點。王衛依靠新《郵政法》頒布的有利形勢，在全中國攻城掠地，穩步成為民營快遞企業中的領頭羊。

兇猛「巨鱷」

隨著中國加入WTO，按照國際服務貿易總協定（GATS）的約定，中國將逐步開放包括快遞在內的各個物流領域。以聯邦快遞（FedEx）、美國聯合包裹（UPS）、德國敦豪（DHL）和荷蘭的天遞快遞（TNT）為代表的海外快遞巨頭們垂涎龐大的中國市場已久，為了能夠先人一步搶占市場，早早地就開始在中國市場謀篇布局了。舉一可以反三，FedEx在中國的擴張歷程基本上能夠代表其他快遞巨頭的歷程。

商人無利不起早，在利益驅動下的FedEx早在二十世紀80年代就已經打入中國市場，那時還沒有所謂的民營快遞。不過當時改革開放剛剛起步，作為國民經濟伴生物的快遞行業也還沒有興起，而且中國尚未加入WTO，受保護政策限制，直到90年代初都還未成氣候。

進入90年代中旬，中國快遞行業風起雲湧，國家的監管不力導致各種資本將快遞行業攪翻天，蹲守中國市場多年的FedEx開始發揮，強勢進入國際快遞市場。效果立竿見影，

僅僅用了兩年時間，就把此前壟斷國際快遞市場的 EMS 趕到了「牆角」，到了 1997 年，FedEx 與其他幾家快遞巨頭瓜分了超過 70％的國際快遞市場占有率。

幾大巨頭此時尚未對順豐等民營快遞造成實質威脅，因為當時中國的快遞行業法規尚不明朗，躍躍欲試的海外巨鱷們不敢貿然進入中國快遞市場，只怕政策一推出，就送他們上斷頭臺去了。如此風險巨大的賠本買賣，快遞巨頭們自然不會做，所以只是暗中蓄力，等待恰當的時機。這就給了像順豐這樣的民營快遞企業高速發展的時間，否則以當時雙方的實力對比，FedEx 想吞噬掉小小的順豐，易如反掌。

王衛由於是在香港長大，相對於其他中國內地企業家來說，有更為開闊的國際視野，同行們還在為內地市場裡的細枝末節僵持不下時，他已經感受到了海外巨鱷的威脅。所以在高速擴張內地快遞市場的同時，王衛就開始逐漸將順豐帶向中高端市場，積極開發高端商業客戶市場。也正因為王衛有著明確的戰略目標，順豐才能最早從低端市場中脫身，不再以低價格等粗劣的競爭手段獲取市場，轉而打造高品質的客戶服務。

王衛的這種做法開了中國民營企業之先河，直到今天，依然有大量的快遞企業還在使用低價競爭等惡性競爭手段，大打價格戰。即使低價格一時會獲得不錯的效果，但具體環節的戰術正確彌補不了戰略方向的致命錯誤，終有一天，消費者會忍受不了低品質的服務，暴跳著拋棄此類快遞。

　　王衛做了大量領先行業的嘗試，譬如前文提過的全直營化，這都是為了順豐能在未來與海外巨鱷的正面交鋒中存活下來而做的準備。不過王衛並沒有太多的時間，因為巨鱷們面對著美餐而享受不得，已經讓他們幾欲發狂，聯邦快遞等企業不斷地以 GATS（服務貿易總協定）為依據，向政府施壓。在海外巨鱷們長時間、高強度的衝擊下，保護順豐的防護網日益鬆動，王衛彷彿看到了巨鱷們猙獰的面孔，看到他們怒吼著奮力撕扯那一層即將脫落的防護網，口中滴下的點點涎液，透過薄如蟬翼的保護膜，落在王衛的腳下。終於在 2006 年 12 月，伴隨著一聲清脆的破裂聲，聯邦快遞和聯合包裹獲得了運營中國快遞業務的資格。

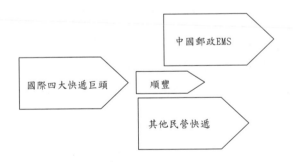

　　頓時，所有民營快遞企業傻眼了，以他們的能力如何能夠對抗這些經營了上百年的快遞巨頭？形勢危如累卵，難道等待順豐的只有一條死路嗎？就在大家都感到絕望之際，王衛則認為民營快遞企業的末日並沒有到來，在他看來，包括

快遞在內的大物流行業，是一個國家重要的基礎服務業，根本不會任由外資企業入侵，更別說壟斷了，他認為順豐還有喘息的時間。事實也確如王衛所料，從 2007 年頒布第一條指導快遞行業的《快遞服務》標準，就禁止外資企業經營中國的信件快遞業務。

不僅如此，FedEx 所獲得的經營資格僅限於廣州、上海、天津等八個城市，UPS 則只獲得了五個城市的運營權。國家政策的限制，讓民營快遞企業又獲得了些許發展壯大的時間，同時還為民營企業的發展提供大量的優惠政策，為民營企業發展掃清政策上的阻礙，順豐作為民營快遞企業的領頭羊自然也獲得了支持。

王衛知道到這樣的好運並不會持續多久，雖然有國家政策一手在控制著海外快遞企業，另一手助推民營企業，但是在不久的將來，必定還會全面開放中國內地的快遞市場，危機依然可能隨時到來。王衛一面利用有利的政策環境，大規模地在全中國鋪設順豐快遞網點，完善快遞網路，最大限度地利用好國家的扶持政策；另一面則抓緊順豐內部改單，從企業服務、操作標準到快遞分流設備等，努力修煉順豐的「內功」，以期能在未來的血腥競爭中與海外快遞巨頭相抗衡。

在如何追趕國際四大快遞的問題上，王衛有著自己獨立的思考，在一次對外記者訪問時，他說出了內心真實的想法：「首先，當然是要確立目標。我們說追趕國際快遞大企

業，追趕的是什麼？我想首先不是規模，而應該是服務品質和聲譽，追求像他們一樣受到消費者的認可和社會尊重。

「其次，是要評估好自己有沒有實力去實現這個目標。基礎不穩的話，你在上面蓋房子很容易變危樓，如果塌方影響更大。民營快遞行業這兩年才剛剛發展起來，所以，我們要對自己有一個清楚的評估，要腳踏實地一步步走。至於能走多快、走多遠，我認為並不需要苛求。一旦發現基礎不能支撐，要趕緊調整節奏。

「同時，中國服務業企業能不能保持又好又快的發展，也要看國家的產業政策能不能持續穩定。對民營快遞企業來講，如果國家鼓勵，企業的發展步伐就能快一點；如果政策變來變去，企業發展就會愈加艱難……我們並不是說非要政府給多少補貼，一些小問題企業自己也會儘量想辦法解決。關鍵是國家大的政策環境要支援民營快遞企業發展，這對我們至關重要。

「另外，我還想說一點，中國民營快遞行業現在的確有些欠缺，投訴也比較多，這是產業發展的一個必經階段。但也要看到，中國快遞行業整體服務品質近兩年進步其實非常大。以前民營快遞企業因為拿不到土地，上不了機械化設備，都是靠人工分揀，效率不高還容易出錯，一出錯郵件肯定就要延誤。這兩年，幾家大快遞公司每年都有新的分揀中心建成，機械化水準越來越高，分揀速度越來越快，而且用皮帶輪傳送快件，拋扔的情況也少很多。以前，你想知道快

件運到哪裡了，只能給業務員打電話查詢，還不一定能查到。現在，幾家大快遞公司都能提供快件追蹤服務，在網上一查就能知道快件哪天哪個時段到了哪裡，有些甚至還能查到是誰處理的，公司對運輸車輛也都有遠端監控，運輸人員也不可能中途調包了。

「所以，希望大家能對我們多一點耐心。現在各家民營快遞企業都已經認識到了提高服務品質的重要性，都在加大這方面的投入。但要看到明顯效果，可能還需要一段時間。我相信，只要國家大的政策環境不變，中國民營快遞企業五年之內一定會有一些亮點！」

此後的幾年時間內，王衛也確實做到了這一點，不僅穩穩抓住中高端快遞市場，同時還進入了其他非傳統領域和行業，希望能夠找到更多穩固順豐的支撐點，讓順豐在高速奔跑中保持平衡。不過此時的順豐依然遠不是海外快遞巨頭們的對手，王衛需要繼續在有限的時間內帶著順豐儘可能地向巨頭們靠近，不遠的將來，將沒有國家的政策之手幫助，那時才是真正的考驗。不過順豐的高速發展，也讓民營快遞企業看到了行業標竿和方向，只要抓住時間，發展壯大自己，未來與海外巨鱷們之間的較量，最終鹿死誰手尚未可知，也許蚍蜉撼大樹，並非可笑不自量。

對壘 EMS：投資本身就是生產

順豐是中國民營快遞的領頭羊，市場占有率僅次於國營快遞 EMS。而在之前，EMS 做市場優劣勢分析向來只跟國際四大快遞公司作比較，根本不會把順豐這種小嘍囉放在眼裡。

王衛帶著順豐一上陣，就和 EMS 搶起了生意，方法就是打價格戰。EMS 寄送一個貨物要收人民幣七八十，到王衛這兒寄只付一半就行。剛開始時，王衛去市場上摸索價格，記錄下來，之後順豐就按照市場價的 70％ 來收費。低於市場價並不意味著賠錢，只是賺得少點，但是所謂薄利多銷，許多中小型公司慕名趕來，王衛用打價格戰的方法在快遞市場占據了一席之地，很快生意就高漲起來。

眼見著順豐掐腰抱膀地要跟自己分天下，EMS 也開始分析順豐的優劣勢，以便知己知彼百戰百勝。

隨著網購的興起，民營快遞企業發展迅速，原來被 EMS 一家獨占的情況逐漸被打破。但是，由於 EMS 是國家支援的企業，在可信度和安全上有所保障，因此雖說 EMS 的市場占有率在萎縮，但還是比其他民營快遞的市場要龐大很多，就算是民營快遞領頭羊順豐也不能與之抗衡。

到街上隨便拉一個人採訪，他不一定知道順豐，但是一定知道中國郵政快遞，也就是 EMS 的知名度要比順豐大。一方面是因為企業體制上國有和民營的區別，另一方面，EMS

比順豐更注重對於品牌的推廣，EMS 的廣告形象代言人是劉翔，但王衛到今天依然沒有計劃給順豐做任何的廣告。

在全中國網點的覆蓋率上，從中國郵政寄件，可以送到幾乎中國的每個角落，不管是山村還是農莊，這一點是順豐不能比的。順豐的戰略定位是中高端市場，而經濟欠發達的小鎮或者鄉村就沒有大的覆蓋率了。

作為國家企業，中國郵政在政策上享有國家一定的福利，比如，中國郵政法規定「150 克以內的寄件業務」都歸 EMS 管，除了國務院下達的其他命令。

這麼比較起來，順豐顯然處在劣勢地位。王衛在做順豐的時候一定考慮到這些情況，順豐和 EMS 就像是兩個不同出身的年輕人，一個要靠自己賺的錢來支撐企業發展，一個則享受國家一定的福利和財政補貼。但是，這些都不足畏懼，真正決定市場占有率的是公司的運營能力和客戶的口碑。

順豐在速度上的優勢是有目共睹的，與 EMS 相比，它的速度要快一半。另外，王衛還抓住國有企業的弱點，那就是時間上和服務上的限制。順豐一天 24 小時提供服務，還提供上門服務，對公司或者 VIP 客戶還派專人駐紮收取快件，這些正是國營快遞不能做到的。

在做市場方面，順豐用不同的行銷策略和增值、專享服務開闢了大量的市場，而 EMS 由於一直處在老大的位置，沒有什麼危機感，對於開發市場的意願也不強烈，因此在他們的業務中，基本上找不到對客戶需求、市場區隔做調查的

影子。

　　從根本上來說，王衛能夠真正與 EMS 對決的原因是他的網路運營能力。王衛是一個既會撒網也會收網的人，而且給公司投資從不吝嗇，有人說他掙 10 塊錢，會拿出 8 塊錢來做事。

　　創業之初，公司資金還不富裕，王衛就投資重金打造了自主控制的直營網路，按照統一的標準衡量快件的資費。EMS 也在進行網路運營的建設，但是由兩部分組成，一個是自主網路，一個是國家郵政網路，這就意味兩者之間要相互協調，這就增加了網路處理的速度。另外，EMS 的市場和網路不夠統一，在市場部被界定為按照標準件收費的快件，到了網路上就可能不符合標準。

　　在網路布局上，王衛的中高端市場定位很明確，能夠保證每個地方都有相應的網路覆蓋，但是 EMS 的覆蓋面太廣，鄉間小屋的快件也負責派送，但是與之對應的網路卻不能保證。

　　王衛撒下去的網會搭配上收網的技術裝備，順豐員工每個人手上都有一個 HHT，收件時，快遞員將收件資訊輸入終端，資訊馬上被傳到網路中，快件在不同人、倉庫和貨車之間中轉時，快遞員都會用 HHT 掃瞄寄送單上的條碼，快件的各種資訊會在網路中追蹤顯示，在最大限度上保證了快件的安全，同時，客戶也能直接在網上查詢快件到哪裡了。而 EMS 也在不停地增加人手和設備，卻不能很好地協調網路，

有快有慢，穩定性沒有保障。

網路運營的最終體現就是終端環節，也就是快件的派送。王衛將投遞快件的人員定在員工總數的 70％，他把他們稱為順豐最可愛的人。但是，EMS 在一個城市的投遞員不及順豐的 30％，因此，終端環節的速度和效率都得不到保證。

EMS 為何不多派幾個人去送快遞呢？因為對中國郵政來講，多一個人運營成本就多加一分。而對於順豐來說，投遞的過程本身就能夠產生效益，不是一項單純的支出，順豐員工投遞數量和他們的收入直接掛鉤，員工更有工作動力，效率也就更高。

在順豐，王衛將網路運營當作為公司效益服務的一種手段，但是，EMS 作為國家基層，經常面臨著考核，考核的標準就是單一的網路運營指標，一旦不達標，基層員工就要面臨著數額不小的懲罰。為了應付這種考核 EMS 就已經焦頭爛額，又何談對網路運營的保障。

金融危機，逆勢而上

有時帶領一個企業就像駕駛一輛汽車，王衛就是順豐速運的駕駛員。人人都知道駕駛汽車時最重要的不是加速，而是剎車，因為加速人人都會，只要用力踩油門就可以，但是剎車的時候，尤其是在被迫剎車時的慌亂瞬間，才最能考驗駕駛員的心理素質和操作技巧。

考驗王衛的時刻到了。

2008 年，全球金融危機來襲，這次與以往不同，是一場全球範圍內的大規模金融危機，儘管中國政府做了方方面面的準備，但在經濟全球化的今天，中國市場依然沒能倖免於衝擊。

金融危機帶來的衝擊強度遠遠超過了人們的預期，就像一陣凜冽的秋風掃落葉般，無數應對不及的中小型企業迎風倒地，金融危機所過之處，留下了大批未成熟企業破產後的屍體。快遞行業是服務性行業，伴隨著大批企業倒閉，快遞企業的業務量驟減，遇到了前所未有的困難。行業寒冬之時，不少快遞企業為了減少開支，不得不進行大規模裁員，包括「四通一達」在內，全都採取了這一措施。更有甚者，一些業內已經小有名氣的快遞企業宣告破產離場，就連實力雄厚的 DHL 都在 2008 年宣布暫時退出中國市場，兔死狐悲物傷其類，這更讓整個快遞行業充滿了傷情悲感。

覆巢之下無完卵，順豐也遭受重創，順豐 2008 年的業務量大大減少，全年下來虧損了 1,200 萬元，這也是順豐自成立起，多年高速發展以來的首次虧損；其次是剛剛開設杭州飛往東南亞和韓國的全貨運航空班機也被迫停飛，使得順豐走向海外的計畫遭到打擊；最重要的是員工的情緒不穩定，受行業裁員影響，順豐內部也是人心大動。擺在王衛面前的是一個金融風暴過後的災難場面，他需要救順豐，更需要作為行業標竿，給快遞行業注入強心針。

　　災難過後，在王衛看來，對於順豐最重要的不是錢，不是重建快遞網路，而是人。在金融危機到來之際，其他快遞企業大幅度裁員時，為了穩住順豐員工的情緒，王衛做出承諾：無論金融危機多麼嚴重，順豐決不會因此而裁掉任何一名員工。做出這種承諾需要莫大的勇氣，因為順豐全中國一共有超過十萬的員工，連海外巨頭在當時都裁減了部分中國區員工。但這一舉措確實順利地讓順豐員工安下心來，同時也為王衛在順豐內部獲得了極高的威望，不少員工深受感動，開始打心底認同這位老闆，以自己是順豐人而深感自豪。王衛這一手做得相當高明，雖然要為此付出不少的金錢代價，但獲得的人心凝聚力價值更高。

　　值此員工群情激昂之時，王衛順勢提出要大力整改順豐內部快遞服務問題，要為客戶提供更快捷、更安全、更人性化的便捷快遞服務。此時王衛因為不裁員的措施在順豐員工心中順利地得到了很高的威望，員工們自然積極回應，誠心改變服務，以往好多人都只是流於表面，應付檢查而已，現在則不同，這次整頓因而頗見成效。這在當時的情況下，是有重要意義的：快遞行業萎縮，整體業務量下降，僧多粥少的局面下更需要以品質抓住為數不多的客戶。最終順豐也的確在艱難時期，憑藉超出同行的服務品質，獲得了不少客戶資源，為緩解順豐的困難發揮了一定的作用。

　　同時王衛還趁著金融危機中同行們縮手縮腳的時候，主動尋找政府合作，政府也彷彿看到了當下只有順豐能堪大

用，開始為順豐大開政策通道。就拿順豐 2009 年開通杭州至香港的全貨運班機來說，如果不是由於金融危機的影響，別的同行不敢或者沒有能力與王衛相爭，順豐絕不會如此迅速就能夠達成，至於土地、貸款等更是極大的支持，這讓順豐能夠在行業普遍蕭條的情況下，依然保持對外擴張。原因很簡單，政府急需在短時間內扶持一些實力強勁的快遞企業，以此來和海外巨頭抗衡，郵政限於僵化的體制根本無法在短時間內壯大，而民營企業中又只有順豐最有優勢，想來順豐還真有點被推向前去的感覺。

不管怎樣，王衛反正借此機會讓順豐繼續擴大著自己的快遞網路，並且將業務擴展至航空領域和海外。金融危機期間，經濟不景氣，大學生就業也遭遇了很大的困難，王衛看準這一時機招進來大量本科生，這在以往是很難做到的。

王衛為何要招進大量大學生呢？一般人可能疑惑，送快遞的行業需要那麼多高學歷的人幹麻，有體力不就解決問題了嗎？其實，包括物流在內的快遞行業，在發達國家是科技含量很高的行業，中國快遞業由於起步太晚，因此直到現在依然是勞動力密集型行業。快遞行業內的現狀就是從業人員學歷普遍不高，以初高中學歷為主，王衛此時趁著大學生「打折」招進了許多大學生，以此改變順豐內部人才結構，提高從業人員素質，也是在為以後行業升級做準備，物流行業發展至一定時期後，必然會和發達國家一樣，轉化為技術密集型產業。

金融危機也讓王衛明白一點：順豐不能僅僅依靠快遞業務，單腿支撐的企業太過脆弱，隨時可能會因為外部因素而倒下。當同行都在畏縮退後、不敢投資的時候，王衛在快遞領域內推出了一系列針對各種客戶的高附加值業務，譬如同城同日達、異地次日達等。除此之外，王衛開始不斷地跨領域跨行業嘗試新業務，包括電子商務和冷鏈物流等，目前的順豐已經不僅僅是一個快遞企業，它正在逐漸發展與快遞行業聯繫緊密的多種產業。

如何在海外虎口奪食

金融危機過後，王衛利用危機期間所做的種種努力，成功把其他民營快遞企業拋在身後，穩穩坐在第一民營快遞企業的位置上。不過，王衛顯然並不滿足，中國的民營快遞企業已經完全不在話下，只有國際快遞巨頭才是他真正的對手。此時順豐還需要繼續發展壯大，王衛將目光瞄準了海外市場。

海外巨鱷們瘋狂地想進中國，而中國的快遞企業卻在此時更想出去，簡直像極了婚姻的圍城。王衛想著走出國門，也是經過深思熟慮而做的決定。在他看來，現在的順豐已經到了走出國門的時機：首先，順豐已經占據中國快遞市場，其他快遞對手很難撼動；其次是中國雖然利益巨大，但是行業依然比較混亂，低價競爭等手段導致利潤極低，順豐必須

尋找新的經濟成長點，國際快遞市場無疑是最好的選擇；王衛認為順豐肩負著未來正面抗衡海外快遞巨頭的使命，而走出國門，打開國際市場，是順豐跨國化，乃至全球化的必經之路；順豐自有航空運輸機隊也為這一計畫提供了可能。

王衛雖然早有進軍海外快遞市場的想法，但苦於各種條件限制，一直到 2010 年才得以實施。之前順豐已經有了多年中國內地和港澳之間的快遞經驗，這也為順豐走出國門積攢了寶貴的經驗。加上台灣經驗，2010 年 1 月 4 日，順豐「正式」走出國門，韓國是王衛選擇的第一站，謹慎的王衛只是開展了中國發往韓國的單程快遞業務。萬事開頭難，有了韓國的嘗試之後，王衛加快了順豐的跨國化速度。同年，順豐開通與新加坡之間的快遞業務，一年後，開通馬來西亞的快遞業務，之後還開通了日本、泰國、越南與內地的快遞業務，成為東南亞和東亞地區與中國之間的重要快遞管道商。此外，王衛也打進了華人眾多的美國快遞市場，如今順豐的據點已經遍布全美五十個州。

順豐為何能夠在國際四大快遞巨頭和中國郵政這幾頭「老虎」口下奪食呢？原因就是王衛採取了折中的服務品質與價格，性價比高是順豐能夠在強敵環伺的國際快遞市場中站穩腳跟的一大原因。在順豐開展國際快遞業務以前，中國人民要嘛出高價享受四大快遞巨頭的高品質服務，要麼為了省錢選擇郵政 EMS，但同時也得忍受相當慢的快遞速度；而順豐提供比郵政更高的服務品質，同時價格也比四大快遞巨頭

低，這種折中的方案成為多數人的選擇。

　　雖然順豐在經營海外快遞市場時取得了相當出色的成績，但與國際四大快遞巨頭間的差距依然非常巨大。首先從硬體方面的對比就可以看出差距：順豐目前自有的飛機一共十五架，中國其他民營快遞企業僅圓通擁有一架飛機，在中國占據絕對優勢，但與四大快遞巨頭相比簡直是九牛一毛，FedEx 擁有接近七百架自有飛機，就連 UPS 也有超過五百架飛機。王衛清楚飛機是發展國際快遞業務的基礎，所以這幾年他一面不停地購買飛機，培養配套的飛行人員，一面還與海外當地的航空公司開展深度合作，租借飛機或者包下飛機的整個機艙，這種「借雞下蛋」的辦法讓順豐短時間內擁有了一定的空運能力。

　　其次順豐在海外通關方面也尚待提升。由於國際上順豐速運這一品牌還不是特別知名，順豐在過關時面臨非常複雜的通關手續，而四大快遞能夠在一些經營多年的地方有優先通關權，甚至免檢通關，比如 DHL 就會利用與德國通關口岸的良好關係，將一些在北歐通關時間長的貨物運回德國通關。其實王衛早已就這個問題做了準備，2008 年金融危機期間順豐招收的大量大學生中，有相當部分是海關通報方面的專業畢業生，只不過目前還沒能來得及累積豐富的工作經驗，順豐正在著力培養一批海外通關方面的專業人員。

　　再者，順豐的快遞物流系統也需要進一步精簡瘦身，讓順豐運轉得更有效率。目前順豐在公司物流分配運轉方面依

然還是以勞動力密集為主的粗淺模式，其中優劣稍微對比一下 FedEx 就可以一目瞭然：目前 FedEx 全球所有員工大概十萬人，每天能夠處理超過一千萬份快遞量，而順豐僅僅在內地的員工就超過十五萬，每天的處理量只能達到二百多萬份。王衛針對順豐效率低下的現象，引進了國外先進的物流解決方案，同時與科技研究機構合作，自主研發業內領先的自動分流設備、一線快遞員手持終端設備，藉此提高順豐速運的運作速度。

為了配合順豐的海外戰略，2013 年 9 月 17 日順豐還推出了海外電子商務平臺——SFBuy。SFBuy 與淘寶平臺相類似，提供的是中國內地淘寶一族購買海外網上商品的平臺。目前 SFBuy 平臺剛剛推出不久，尚未成熟，僅僅開放美國的電子商務市場，連付款方式也只支援萬事達、美國運通信用卡和 VISA，不過可以預見，未來這一平臺必將拓展至其他國家，付款方式也會越來越便捷，而且將與順豐的國際快遞業務相捆綁，人們在海外購物，同時也由順豐速運運回。

儘管王衛做出了大量努力和部署，但是目前順豐在軟硬體方面依然遠不是國際快遞巨頭的對手，順豐要走的路其實還很長，革命尚未成功，王衛尚需努力。

帝國構想的最後一道難題：「三流」合一

2005 年之後，王衛就開始思考順豐的發展模式，精明

的他明白雞蛋不能放在同一個籃子裡，不過當時苦於資金不足，沒有機會涉足相關產業。2008 年金融危機後，順豐的首次虧損更是讓王衛不得不思考順豐的未來，單腿行走的順豐太容易跌倒了。考慮到順豐在快遞行業經營多年，運輸方面已經擁有足夠實力，王衛決定以快遞業為主，向兩側拓展順豐業務，增強順豐在遇到危機時的抗打擊能力。

具體打算怎麼做，其實在 2011 年王衛少見的媒體採訪中，他說出了自己真實的想法：「目前的物流業處於高速成長而又細分的關鍵時期，現金流、資訊流和物流將是每個企業都想發展、擴張的方向，也是順豐將要開拓的方向。」話語間，王衛流露出了深埋心底的野心。雖然王衛有著建立順豐龐大商業帝國的野心，不過目前看來，順豐還差得遠。

王衛所推崇的「三流」發展方向，日前順豐做得比較好的只有資訊流。順豐因為要連通全中國快遞網點，與深圳電信合作建立了順豐呼叫中心和「全球眼」追蹤定位系統。這也是王衛頗引以為自豪的地方，順豐的資訊系統足以支撐物流全國化，不過相比於國際快遞巨頭，順豐只相當於四大快遞二十世紀 90 年代的資訊化水準，還有很大的提升空間。

2008 年金融危機後，王衛發現快遞業投資週期太大，資金回流週期太長，一旦遇到風險，再龐大的企業也可能因為現金流不足而猝死，他必須未雨綢繆，拓展全新的現金流業務，而能充分利用快遞運輸優勢的現金業務只有零售業。

2010 年以後，以淘寶為代表的電子商務領域迅猛發展，

王衛也坐不住了，不過由於下手太晚，淘寶快遞訂單早就被瓜分乾淨，王衛能做的就是建立自己的電子商務平臺。目前，淘寶和京東等成熟的商城早已把大至汽車，小到指甲刀的琳瑯商品全部羅列進去，王衛如果繼續投資類似的電子商務領域，必死無疑。經過琢磨之後，王衛發現電子商務領域內銷售生鮮等冷凍、冷藏商品的很少，而生鮮商品擁有潛在的商機，所以他將目光瞄準了冷凍、冷藏商品。

為何淘寶和京東會視巨大的冷鏈商品市場而不見，原因就是冷鏈運輸不成熟。冷鏈物流與常規物流完全不同，不僅要求全程低溫，而且要求速度更快，一套成熟的冷鏈物流不僅需要陸路運輸的支援，航空運輸也是必不可少，前期的資金投入讓眾多電子商務大佬們望而卻步。如今王衛決定啃這一塊硬骨頭，不僅因為這是電子商務領域留下的最後一塊高利潤蛋糕，也因為這是發展自營冷鏈商品的運輸需求。

同時王衛還嘗試實體零售店，多管道地進入現金流業務圈。順豐便利商店在 2010 年面世，這不僅是零售業的試水溫活動，更是進一步培養人們前往便利商店寄取快遞的習慣。這在發達國家早已形成慣例，譬如日本，人們已完全習慣就近尋找便利商店寄取快遞。

從王衛這些跨界嘗試中，不難看出他在以「三流」分立為方向拓展順豐的業務範圍。順豐目前資訊流雖然領先中國，但其實還尚待改進；現金流業務雖然已經開展，但還沒

有形成規模；至於冷鏈物流，則是還在起步階段。王衛的商業帝國理想雖然美好，但其實還差之千里。不過我們依然可以暢想一下「二流」發展起來的那一天，或者探討王衛選擇這「三流」進行拓展順豐業務的真實原因。

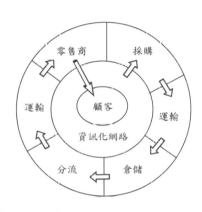

如果順豐的三流——資訊流、現金流、物流——真能如王衛所願，發展壯大起來，三流合一之後，一個龐大的零售商帝國就會呈現在人們面前。在零售業中最難保證品質的就是生鮮等需要冷鏈物流運送的商品，如果順豐建立起目前中國空白的冷鏈物流系統，將澈底解決零售業的最後一道難題。到那時，所有零售商品從產地到面對顧客的整個流程都將由順豐包辦，形成自給自足、不受外力干擾的閉路商業系統，順豐只要利用目前在全中國建立的快遞網路，轉化為零售網路，就可以建立起自己的商業零售帝國，第二個沃爾瑪初具雛形，也許這才是王衛內心深處的順豐未來。那時順豐

的快遞只能算作副業，順豐將會利用自己實體零售的優勢，「調教」人們習慣前往實體零售店寄取快遞。

理想總是很美好的，王衛的商業帝國看上去十分完美，零售業的確也是遠比快遞市場龐大的行業，要知道零售業上千億規模並不是很難，但是快遞業最多也就是幾百億的規模。但現實往往是殘酷的，有太多的人在追逐超乎自己能力的理想中迷失了方向，甚至丟掉了曾經最初的理想，人心不足蛇吞象，謹慎的王衛需要更謹慎。

王衛能不能帶出個聯邦快遞

創辦二十年，順豐就像野草一樣在快遞行業野蠻生長，王衛的戰略戰術、當機立斷的做事風格和效率也深刻地影響著順豐的發展。有人把順豐稱為「中國的聯邦快遞」，不但因為順豐在中國快遞業不可撼動的地位，還因為王衛很多個重要的決定都來自聯邦快遞的啟發。

美國聯邦快遞是弗雷德・史密斯創辦的全球知名快遞公司，商標為 FedEx，為全球二百多個國家提供快遞服務，業務遍佈世界各地，而且一直秉承著「隔夜送達」的企業信念。從 1971 年至今，弗雷德一直在做各種嘗試，不斷地嘗試錯誤、不斷地創新，經歷過多個起起落落，終於成就了今天旗下二萬多員工，收入三百多億美元的聯邦快遞。

聯邦快遞在發展過程中，遇到最讓弗雷德頭疼的事情是

整齊劃一的標準模式問題，因為只有標準才能保證服務品質，這一點也是順豐創辦時王衛最費心考慮的事情。

要建設一條怎樣的運營管道才能實現公司的標準模式呢？創辦聯邦快遞後的第二年，弗雷德帶著專業的團隊進行市場考察，一年之後，他發現，方法就是要建設一個龐大的自有網路，這裡的網路不是指網際網路，而是指能夠提供運貨快遞服務、由各種交通設備組成的一個網，比如陸路運輸，以及航空專線。而要實現這個目標，最重要的一樣東西正是他此時最缺少的，那就是資金。

不過，弗雷德很有膽識，既然瞭解了做速運的根本問題，那就全身心去做。他將自己當時所有的家當折現，一共 850 萬美元，之後又去華爾街融資，拿到了近一億美元的投資，所有這些他都投資到建設聯邦快遞的運營管道上——買下三十三架飛機。兩年後，聯邦快遞就有了收益，又過兩年，營業額超過一億美元，淨利潤超過八百萬美元。

王衛就是從聯邦快遞的這種管道建設中獲得了極大的啟發。他取消之前加盟和代理的經營方式，建立全中國一體的自營模式；聯邦快遞「隔夜送達」，順豐速運兩天內一定送到；為了進一步加快速度，「非典」時期，王衛和航空公司簽下合約，開始了天空的快遞之路，並承諾 24 小時內一定送到；金融危機期間，他又發展了順豐航空，擁有十二架自有飛機……就這樣，順豐借鑑聯邦快遞經驗，建立了全中國統一服務網。

聯邦快遞的發展	順豐的發展
・隔夜送達 ・全部家當買下33架飛機 ・僅次於美國的無線電網路	・24小時送達 ・發展順豐航空 ・人手一台HHT

想要變成一個專業人，就要向行業內最為專業的人學習，雖然不能說聯邦快遞成就了王衛的專業化和標準化，但至少是在相當程度上給了王衛很多的啟示，在公司管理上也是如此。

快遞行業的人員流動率很高，要想保證品質必須建立統一標準化的服務規則。對於龐大的公司團隊來說，管理並不是一件容易的事情。來看看如今的快遞行業發展就明白了，十幾年的大公司，其他方面已經日趨成熟，但對於員工的管理仍然是發展的弱點。

聯邦公司是如何應對這個問題的？弗雷德對設備和制度兩手抓，成為美國首個具有快速追蹤快件功能的公司。弗雷德還將很多的高科技應用到快件的投遞過程中，比如鐳射掃瞄設備和掌上型電腦等。值得一提的是，聯邦快遞擁有自己的無線電網路，涵蓋範圍僅次於美國軍隊。

這些給王衛的觸動很大，他也特別捨得在設備上投資，每個員工手上拿的巴槍都價值不菲，整個順豐公司幾萬名快遞員，就有幾萬台這樣的設備。這個設備一方面能夠將快件的全部運送過程傳遞到網路中，以便客戶查詢，另一方面也

能夠藉此檢測到每個快遞員的工作情況，以及收件績效等。

王衛還給每台運輸貨物的車輛安裝 GPS，車子是不是在安全行駛，駕駛員有沒有中途離開崗位等等，都能夠即時監控；一旦出了問題，延誤了快件的運送，也能夠第一時間查到責任人。這樣的高投資還是很值得的，它確保了整個快遞過程都在控制範圍內，才能讓管理落實到終端環節。

聯邦快遞剛開始的時候並不像現在這樣無所不包，他們的業務是有條件的。比如重點發展小包裹業務，運送血漿、器官、藥品以及重要檔案這些需要速度的東西，涵蓋範圍也只有美國五個離得比較近的城市。由於對市場有選擇性，聯邦快遞在一開始就建立了自己的服務優勢，積累了聲譽，為後面的發展奠定了堅實的基礎。

這一點給予王衛的啟示是什麼呢？當別的快遞有件就收的時候，王衛卻是有選擇性的。他首先區隔市場，定位在中高端客戶，之後，限制包裹重量，由於寄大件不是自己的強項，王衛拒絕了摩托羅拉公司的物流邀約。市場和服務明確了，就能制定統一標準的價格。別的快遞公司又雜又亂，順豐卻有其專業標準，有了比較，優勢就凸顯出來了，這才有了後來從區域做到全中國的突飛猛進。

聯邦快遞和順豐速運在很多方面都有著驚人的相似之處，也許是王衛在學習聯邦快遞，也許是一個企業發展必經的幾個關鍵點。至於王衛能不能帶出一個聯邦快遞，一切交給時間吧。

第三章
做企業，不要背心關法

用生命捍衛價值觀

　　對大部分企業來說，上市融資是他們求之不得的事情。融資不僅能通過很少的成本開銷拿到更充足的資金，有了更多的資金才能夠為企業的進一步發展鋪路。但是順豐沒有與其他企業一樣，走上上市融資的道路。不管是中國企業的融資還是國外企業的邀請，王衛都一一拒絕。

　　隨著金融危機席捲全球，2009 年，快遞市場陷入了蕭條之中。為了應對危機，不少公司開始改變策略，從更多的方向深入挖掘市場，有的開始改善服務品質，有的開始進行內部業務整合。儘管如此，一時之間做出的改變也不能扭轉大局，於是，裁員，或者增加工作量，成為擺在大型快遞公司面前的兩條路。

　　隨著經濟形勢的不斷惡化，不少中小快遞公司都難以抵擋，上海一統、廣州翔盈等一批快遞公司陸續倒閉。大型快遞企業受到的影響也不小，比如宅急送的增長速度就從 40% 突然降到了 15% 左右，資金的壓力格外巨大，於是只能停止擴張計畫，重新整理內部。

就在資金問題讓各大企業頭疼不已時，順豐有著更好的選擇，那就是融資。儘管順豐受到金融危機的影響並不如其他民營企業那麼大，也沒到需要裁員的地步，但是訂單的大幅減少及其帶來的連鎖反應都成了順豐亟待解決的問題。金融危機時期，順豐丟掉的大客戶就比 2007 年多出 1.6 倍。這個數字可不容樂觀，但是順豐一旦融資就能夠解決資金不足帶來的許多問題。

2008 年年底，王衛發表了〈用生命捍衛價值觀〉的談話，堅定不移地向融資說不。在王衛看來，危機並不重要，重要的是順豐的精神和原則。其實早在外資初入中國時，順豐遇到的危機就不斷顯現，這幾年來經歷過的危機也不少。僅僅從 2008 年這一年來看，年初的雪災、「512」大地震、湖北地區突發大火、奧運時期國家對物流的嚴格控制，這一切無疑都在考驗著順豐，但是順豐都順利挺過來了。也正是在這幾年裡，王衛提煉出了屬於順豐的核心價值觀，那就是做一家正直、誠信、有責任感的民營企業。王衛認為，順豐需要的員工是做事能對得起自己的員工，順豐要走的路是寫滿「良知」二字的大路。因此，絕不能輕易向外資低頭。

王衛在做事時總是顯得謹慎小心，有的時候甚至過於悲觀。在外界看來，就算金融危機讓整個快遞行業陷入了泥沼，不少企業甚至被它吞沒，但是順豐必然會出現在最終存活下來的企業名單之中；可王衛就沒有這樣的信心。

在這場談話中，王衛就顯得有些過於壯烈，彷彿面臨著

如韓信背水一戰般的艱難局面，卻沒有韓信必勝的決心。他不斷弱化金融危機可能帶來的結局，強調員工們攜手一心、共同奮鬥的過程。

他說，他想要的是順豐在此次應對危機的過程中展現出的氣節。最終順豐會怎麼樣不重要，重要的是要讓人們知道，要讓那些外資知道，在中國，有一批人，有一個叫順豐的民營企業，是他們能夠摧毀物質卻不能摧毀精神的存在。一個人在戰鬥中輸掉，這沒什麼，輸掉的結果不重要，重要的是怎麼輸掉的。人應該保持自己的尊嚴，讓失敗變得有價值，否則就毫無意義。在這場與外資血拼的戰役中，王衛認為，寧肯死，也決不能當俘虜。

儘管王衛表現得非常悲觀，但實際上順豐有著能夠順利渡過危機的能力。就在 2009 年，中國陷入經濟低迷、資金緊縮的窘境之時，王衛卻出資購入了兩架飛機，開始打造屬於自己的空中物流。不少人這才發現，順豐實際上擁有非常雄厚的經濟實力。購入飛機除了其本身的資金支出之外，還需要配套的場地，需要人員負責看管，投資經營的話還需要招聘駕駛員，以及各種設備，就是因為需要如此龐大的資金實力作基礎，眾多民營快遞企業始終不敢輕涉。而順豐此時的舉動說明，順豐的實力其實很充足。

但王衛沒有想到的是，只過了一年多的時間，中國大部分企業就已經走出了金融危機帶來的陰影。2010 年，王衛就曾對身邊的順豐高管表示：「當初就應該趁著飛機便宜多買

幾架，結果現在失去機會了。我真是過於保守。」

不管王衛當時的打算究竟是什麼，但是拒絕融資的姿態完整地展現在人們面前，他也用實際行動表明了這個決定決不更改。當時就有一位快遞業內的資深人士評價說：「整個中國市場，最具有收購價值的就是順豐。不管是聯邦快遞、UPS，還是海航，都想要將這家公司納入囊中。若不是王衛強硬的拒絕姿態，他們也不會將目標移向別的快遞公司。」在他看來，王衛所說的「拒絕融資」已經將順豐推入了非常艱難的局面，當危機來臨又沒有足夠的資金時，順豐要麼殺出條血路，要麼只能等死。

不得已的首次融資

說起順豐，業內人士的普遍印象都是資金充裕，老闆低調，拒絕融資。但是，2012 年 9 月，網路上關於順豐「接觸」資本的消息突然流傳開來。該消息稱，深圳觸電電子商務有限公司創始人龔文祥表示，順豐現在正和許多私募股權投資方進行接觸，進行融資恐怕並不遙遠。

私募股權投資，業內常常用縮為 PE 表示，是指對非上市企業進行的權益性投資，從而拉高該企業的上市市值，最終通過上市或併購等方式出售股票來獲得利益。傳聞還具體說明了此次順豐聯繫的 PE 公司，是弘毅、中信等好幾家具有相當實力的頂級公司。

一直以來，順豐拒絕融資的姿態給公眾留下了非常深刻的印象，不僅是金融危機時順豐的表現，領頭人王衛更是明確說明自己不願意上市。他認為，一旦一家公司上市，就需要將每一筆投資向股民交代清楚，要說服他們這筆錢會得到立竿見影的利潤，但是王衛認為自己不能保證這一點：「我做出的決定有時候要經過很久才能出現效果，有時候甚至還會出現錯誤，要保證短期內盈利實在過於困難。」

就是因為順豐一貫以來的此種形象，此次融資消息的出現引起了許多人的關注。面對著甚囂塵上的 PE 傳聞，順豐無法再繼續保持沉默，其官方微博對此回應道：「一直以來都有資本找順豐洽談，但順豐並未與任何資本簽訂任何協議。感謝大家對順豐的關心！」

這個回應儘管令市場的諸多猜測平息下來，但是也有不少人注意到，順豐並沒有直接否認在融資這個領域的試探。也就是說，順豐將來仍有進行融資的可能。

與這個傳聞同樣令快遞業注目的消息還有一個，那就是聯邦快遞和 UPS 獲得了中國快遞牌照。這些國際快遞有著順豐難以媲美的實力，在進入中國市場後不久就衝擊了順豐的高端市場。在 2012 年企業經營的統計裡，順豐的增長開始放緩，只達到了 30%，而在 2011 年，順豐都還保持著 50% 的增長。

在競爭變得如此激烈的情況下，順豐就算做出了融資的決定也不足為奇。

一年以後，順豐果然邁開了融資的腳步。2013 年 8 月，順豐公開承認其與元禾控股、招商局集團、中信資本這三家企業簽訂了入股協定，約定這三家公司將擁有順豐 25% 的股權。

一時之間，輿論譁然。不少人開始懷疑王衛的最終目標是上市，但是順豐的副總裁王立順否認了這個說法。他表示，順豐目前不缺資金，短期內也沒有上市的打算。之所以做出融資的決定，是因為現在競爭的加劇。快遞企業的發展就如逆水行舟，不進則退，資本與市場的結合也已經是大勢所趨。儘管順豐進行了融資，但不會因此改變未來的發展計畫和戰略。之所以選擇這三家公司，則是因為它們認可現在順豐的發展速度和模式，不會硬逼著順豐上市。

儘管順豐的解釋非常通透，也說明了一些問題，但是仍有不少人認為這個舉動背後沒那麼簡單。北商商業研究院對此進行分析後認為，順豐其實並不是為了融資，而是為了取得這三家公司背後的資源。中國的第一支國家級風險投資母基金就是元禾控股和國家開發銀行合作成立的。除此之外，元禾控股的業務還包括中國規模最大的天使投資基金和中國首家科技金融超市。中信資本則有著雄厚的資金力量，涉足產業包括房地產、直接投資、資產管理、創業投資等領域，可以說合作面非常廣。招商局集團則讓順豐在海外的業務取得了便利，它是駐港大型中資企業，除中國內地以外，它在中國香港、東南亞都有業務。

除了出於未來發展的考慮之外，中國競爭壓力變大也讓順豐感受到了威脅。EMS 早已通過上市融資拿到了 99.7 億元的資金，中郵速遞上市的腳步也在跟進，來自國營企業競爭的壓力讓順豐有些坐立不安。

除此之外，各大民營企業也不甘落後。以往，「四通一達」服務差、效率低、粗暴分揀等情況非常顯著，順豐通過比對手更優質的服務拿到了這些企業不少的市場占有率。而今，這些公司改善形象的舉動頻頻，內部不斷整頓，開始積極與順豐競爭。不僅如此，圓通在航運和資訊系統方面也加大了投資，申通、韻達也在公司內部大力推行標準化運營的現代經營模式。

就在順豐首次融資之前，申通就買下了天天快遞 60% 的股份，圓通也在為上市積極做準備。據業內人士估計，若是進展較快，圓通很可能在 2015 年年底成功上市。在各大快遞企業不斷爭奪市場的時候，形勢變得越來越嚴峻。

中國競爭的壓力讓順豐明白，若再不採取措施，恐怕只能坐以待斃，因而打破其一貫的姿態也就變得理所當然了。

古玉入局，彌補不足

對順豐開啟首次融資的關注還未降溫，古玉資本也將加入集團軍向順豐注入資本的消息再次將此事炒熱。2013 年 10 月，王衛難得地與元禾控股、招商局、中信資本、古玉公

司等四家即將成為順豐一員的公司領導人公開亮相，證實了順豐融資所言非虛。

在這次公開亮相中，順豐傳達出的消息讓不少經濟領域、快遞行業的資深人士不斷回味，試圖揣測出順豐真正的意圖。

在向順豐注入資本的公司中，儘管多了個古玉資本，但是它實際上只占據了不到 2% 的股份，顯得很不起眼。古玉資本成立於 2011 年年初，是一家公司制股權投資機構，投資業務主要集中在新加坡、中國香港、北京、蘇州、成都等地，在環保、行動網路、文化等產業上均有涉及，是一家非常低調，在網路上甚至很難找到資料的公司。

隨著資本的進入，順豐內部的格局也出現了變化。其中最引人注目的就是這個古玉資本，當元禾等有實力的大企業只是安排人員出任董事一職時，王衛卻把副董事長的位置給了古玉的領導人林哲瑩。

這不由得令人費解，王衛究竟是出於怎樣的考量，才拒絕了眾多大型企業的善意，反而將古玉的位置抬得如此之高。有人認為，這是因為古玉的董事長林哲瑩曾經擔任過國家商務部外資司的前副司長，對外資、國外市場有著比其他人更深入的看法，王衛此舉旨在為未來進軍全球布下棋子。這個說法有一定的可信度。就在前不久，王衛費盡心力終於完成了在美國全境的網點布局，順豐的跨境寄遞和海外網購業務也仍處於起步階段，為了未來在國際市場上的進一步發

展，王衛需要瞭解外資、外國企業的人才。

除此之外，王衛與招商局的緊密聯繫也給人無限猜測的空間。從兩家公司的發展來看，招商局需要順豐來補足快遞上的不足，而王衛則希望在別的方面能夠取得突破。據瞭解，順豐早幾年前就非常低調地註冊了順豐銀行和順豐支付等涉及金融類的功能變數名稱，因而不少人認為，順豐此舉還可能是在為未來涉足金融產業打下基礎。

由於順豐向來在資金上豐足，因而此次融資資本的投資方向令人們好奇。大部分人認為，順豐將這筆錢投往全新領域的可能性非常大，因為就目前來看，順豐完全有能力平衡自身的發展，機器、設備等問題也從來沒有困擾過順豐。王衛打破自己的承諾進行融資，想必一定有了一套全新的發展方案，否則又怎肯做出如此大的讓步。

王衛即將採取怎樣的行動令人矚目，而快遞行業又將因此受到怎樣的影響同樣牽動著不少人的心思。

Part 3
跨界精進：回小向大，還破困境

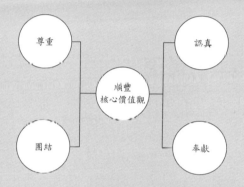

回小向大，自身的小宇宙爆發後，能一生二、二生三，收發自如。

我們向來只把國際快遞巨頭或「四通一達」視為競爭對手，進行簡單的動態資訊摘錄，對經營決策幾乎發揮不了輔助作用。事實是，在不同的市場分層中，我們面對的是不同的競爭對手。以重點大客戶開發為例，我們發現中國大型企業的物流和快遞供應商往往是一些小公司、貨代公司，他們在客戶處拿到了「總包」業務量，再把部分甚至大部分業務「轉包」給順豐。這些公司的服務其實是在向客戶提供「解決方案」，靠大腦吃飯；順豐則不幸淪為搬運工，靠體力吃飯。我們在目標客戶、目標市場上的競爭對手究竟是哪些公司，他們在報價、運作、服務、管理方面是怎麼樣的，客戶為什麼會選擇他們而不是我們，這些問題都是需要去深入瞭解和分析的。

——王衛

第一章
航空關：財富要為服務讓路

盯住航空市場的需求

　　飛機在二十世紀 90 年代還是稀有物，很多人一輩子都沒有坐過飛機，坐過飛機的人可以好好得瑟一把，感受旁人豔羨的目光。如今，隨著科學技術的發展，用快遞寄信件、包裹的航空物流漸漸在中國蓬勃發展，越來越多的企業開始採用航空寄件。

　　企業向寄件人收取快件，通過航空運輸的方式在承諾的時間內將快件送至收件人手中，並隨時發布全程運送資訊以便有關人員查詢的快遞服務，就是航空快遞。航空快遞，自出生就含著金湯匙，但也有著先天的不足。

　　首先，採用航空運輸，可以很快地將貨物運送至收件人手中。時效性強的檔案、包裹可以在當天或次日送達，這對於當時交通並不十分發達的中國而言，是一個巨大的誘惑。一份檔案的延誤，很可能導致價值不菲的合約破局；一些要求高度保鮮的食物，需要在極快的時間內送達指定地點；一些時效性極強的報刊、資料也少不了飛機的幫忙。因此，航空物流藉著「快」的優勢扶搖直上。

由於航空物流高效快捷，具有低事故性和派送的準確性，一些精密儀器、貴重首飾等也敲開了航空快遞的大門。此外，由於航空運輸在「天空」領域，不受陸路、海路的限制，藉著國際航線這個獨特的優勢，派送範圍極廣，覆蓋面積大，很多進出口企業也藉著航空物流的東風蓬勃發展。

雖然有眾多得天獨厚的優勢，但航空快遞的運行也受著老天爺心情的限制。陰雨、霧霾、雷電……老天爺皺皺眉頭，航空運輸就可能因此延遲。若天氣一直不適合飛行，航空快遞「快」的優勢就蕩然無存。

同樣，飛機在帶來迅捷的同時也帶來了較高的成本。一架飛機的價格在 5,000 萬美元到上億美元之間，而燃油費、維護費、飛行員工資等等成本非普通企業所能負擔，同時一架飛機的載重是有限的。因此，航空快遞的價格一直居高不下。但航空快件運輸絕對比企業自己派人登機送材料到各地的成本低，而且由於其具有運送速度快、服務態度好、快件安全性高等特點，客戶仍是絡繹不絕。

民航快遞就是應時而起的一家航空快遞公司。該公司於 1996 年成立，由中國多家航空公司與機場出資，並依託國內外航線與機場優勢，迅速一家獨大，霸占了中國的航空物流業。當時，它旗下的產品品牌分別為時效精品與標準快遞。

時效精品，顯而易見，是航空快遞「快」優勢的凸顯，主要經營緊急檔案和時效性極強的物件，包括私人重要信件

和緊要文件，如政府批文、海關手冊、合約、商業發票等。同樣，急救品、廣告膠卷、時裝樣衣色卡、旅行者護照等時效性強的也都在此列。標準快遞則注重「安全」，主要是一些高附加值的 IT 設備、大型會展所需材料、跨國公司搬遷時的貨物等，並可以按重量分 12 小時遞、24 小時遞、36 小時遞與標準快遞。

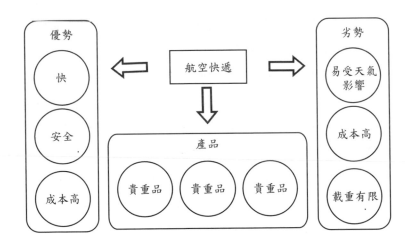

　　民航快遞的客戶多為企業法人、政府部門、旅行社、高附加價值生產商、司法機構等法人，而且購買的時間也有峰谷期，一般 11 月、12 月接近年底企業進行年終結算和開年初 3 月企業對未來一年進行規劃時，需求較大，中國五一勞動節和十一國慶日也有較大的業務量，其他幾個月則銷量平穩。一般來說，顧客對時效要求大的快遞服務價格敏感度

低，價格變化不會引起太大的銷量增減。但次日達、隔日達、標準快遞等普通快遞則面臨著較高的價格彈性，價格變化容易引起客戶流失。當時中國市場雖然沒有國際快遞巨頭侵襲，但各類同質的快遞公司也已出現競爭局面，只是無力將領域擴寬到航空罷了。

而顧客往往以自身的利益為重，若還有其他替代產品，自然會選擇價格較低的一方，因此民航快遞的客戶忠誠度並不高。但由於其在航空物流的壟斷地位，沒有公司敢與其一爭高下。

2003 年，全中國都生活在非典的恐慌中，人們不願意出門，生怕受到無處不在的病毒感染。受此影響，航空公司的航班一減再減，機票價格甚至因此「雪崩」。民航總局 6 月分將中國航線票價中「燃油附加費」從不得超過票價 14% 下調為 11%，但這並沒有引起太大的反響，航空公司形勢依然不容樂觀。在中國航空情況蕭條，乘客寥寥無幾的時候，順豐一反常態，迅速出擊，借航空運價大跌之際，與 2002 年成立的揚子江快運簽下合同，租賃了五架 737 全貨機，專門用於承載順豐快件。這類貨機承重約十五噸，主要往返於上海、杭州、廣州三個城市，雖成本較高，花費巨大，但也實現了順豐「快」的目標，並且可以 365 天全年全天候待命，真正急用戶之所急，想用戶之所想。而年僅一歲的揚子江快運也借順風之力，安然度過了 SARS 帶來的寒冬。

順豐並沒有因為專機而滿足，之後又陸續與多家公司簽

訂協定，利用優惠的價格購買了二百三十多條航線的腹艙使用權。難以企及的送件速度和親民的快件價格（雖多次漲價，但仍在人民幣 20 元 /500 公克內）使順豐擁有了大量顧客，業務量以每年 50% 的速度瘋長，逐漸與 EMS 比肩，成為中國快遞業的巨頭，並開始在航空物流領域占得一席之地。

憑藉著服務的「快」與飛機的寬領域，順豐以低價香港件作為主打策略，迅速席捲整個中國。2006 年，年輕的順豐已覆蓋全中國二十多個省，一百多個包括香港在內的大中城市，三百多個縣級市和城鎮，建有二個分撥中心，五十二個中轉場。之後順豐又於 2010 年建立了籌備已久的順豐航空公司，成為中國第一家建立航空公司的民營快遞公司。

看準時機，及時出手，大膽花錢打地基，「經濟動物」王衛正帶領著順豐起飛。

為什麼要有自己的飛機

2009 年 12 月 31 日晚，一架帶著黑紅順豐 LOGO 的全貨飛機掠過深圳的天空，與漆黑的夜色融為一體。2010 年 1 月 1 日凌晨 4 點 20 分，杭州蕭山國際機場貨機坪迎來了這架跨年飛行的全貨機。順豐航空公司的首條貨運航線 —— 深圳至杭州開通，而中國第一家擁有飛機的民營快遞公司也成功首航。

其實，順豐在 2007 年就已經開始籌備航空公司的建立事

宜，早在「上海部分民營快遞企業『315』座談會」上，順豐就表現出購買飛機的意向。當時順豐準備買兩架波音公司的737 飛機和 757 飛機，均為飛行十五年左右的貨機，大概需要花費 1,000 萬美元。2009 年 2 月 9 日，順豐航空得到了民航局的大力支持，並獲得民航局頒發的《公共航空運輸企業經營許可證》。斥資一億元的順豐航空批准得建，其中深圳市泰海投資有限公司出資 7,500 萬元，占 75% 的股份，其中，順豐速運則掌握了剩下 25% 的股份。而順豐航空公司的大股東——「泰海投資」——有 99% 的股權都由王衛掌控。

或許很多人都會感到疑惑，順豐不是已經和揚子江快運、東海航空、中貨航等航空公司合作，租賃它們的全貨機進行運輸了嗎？二百三十多條航空線路的腹艙也不夠用嗎？

實際上，王衛有著自己的考慮。雖然與航空公司合作極大促進了順豐速運的發展，航空物流的「快」與「安全」是順豐高品質服務的極大保障，而合作互惠互利，既提高了順豐速運的快件運送速度和服務品質，也增加了航空公司自身的收入，使雙方的資源得到了優化配置，但與航空公司的合作也制約著順豐服務品質的提高。

順豐航空副總裁李東起在他的演講稿中對這一問題作了詳細的剖析。不可否認，和航空公司合作有著極大的優勢，但顧客究竟想要的是什麼樣的服務呢？電子商務的興起帶動了快遞業的發展，與此同時，電子商務的市場規模以每年35% ～ 40% 的速度增長。可見由電子商務引起的快遞需求市

場巨大，但目前民航貨運量並沒有隨著電子商務與快遞的崛起而突飛猛進。從市場角度看，電子商務的成交價在人民幣500元以上才有可能承擔得起航空物流的服務，而目前大部分成交單價都在350元以下，雖有增加趨勢，但很大一部分客戶仍會選擇普通快遞。

而很多採用航空物流的客戶，看中的是穩定性與時效性，但順豐與這麼多航線合作，算得上是穩定的供應鏈了，為什麼還是有很多高價值的商品喜歡走陸運呢？

這就與航線的時間限制有關了。許多客戶在選擇航空物流時看中的不僅是快速、穩定、安全，次晨達也是十分重要的因素。但之前順豐並非所有時候都能做到這個要求，要趕上次晨達，就必須趕上合作夥伴的晚航班。據統計，很多快遞需求都是下午四點後產生的，尤其南方一些地區，近七成的快件業務都是在下午四點後，快遞員上門取件後沒有辦法保證能趕上當晚的航班。雖然順豐已經包用了中國近四成晚航班，但航班畢竟以客運為主，起飛時間並不會因為快件延遲而更改，因此次晨達的要求就顯得難辦了。若乘次日的早航班，大部分快件都得到下午才能派送到收件人手裡。同樣，在國際業務上，次晨達也顯得極為難辦，下午四點後產生的國際快件必須在海關等政府機構下班前送達並完成手續才有可能實現次晨達，若延誤了，則最快也只能次日下午送達。

大多數客戶對此較為敏感，若無法完成次晨達，他們會選擇次日達，而這普通的陸運就可以做到，且成本相對較

低。因此，為了提供客戶更好的服務，自己的航空公司便顯得極為重要，不受時間限制，可以隨時為顧客完成快件運送，順豐航空也終於蓄勢發力了。

2010 年 3 月 22 日，B-2832 號波音 757-200 型飛機在國航西南 分公司完成最後一次客運任務後，由西南飛行部李明作機組駕駛從成都雙流國際機場起飛，歷經一個多小時，飛越一千七百多公里後，到達廈門高崎國際機場，順利按銷售合同交付給順豐航空公司。波音 757 是波音公司設計用於替換波音 727 的，有著較為新穎的設計，如雙引擎和雙人操作的駕駛室。順豐將原來的客機改造成全貨機，保持了最大起飛重量和最大著陸重量等指標。

2013 年 11 月 1 日，順豐第十三架自有貨機飛抵深圳寶安國際機場，將正式加入順豐航空機隊，為順豐的航空物流業發光發熱。僅僅四年時間，順豐憑藉著充裕的貨源支撐，已擁有十三架自有貨機。同時，順豐仍與其他航空公司密切合作，中國近一千七百個早航班中順豐占了八百四十三個，晚航班也占了四成。本來由各個航空公司運送的快件都給自己人——順豐航空——運輸了，中國的航空公司業務是否被大大削弱了？事實並非如此，中國四大航空公司除海航的揚子江快運外，都不經營中國的貨機路線，而本來應是競爭對手的揚子江快運因為順豐充裕的貨源支持而十分走俏。

而在貨艙方面，其他航空公司的網路與航班時刻是順豐航空所無法企及的，順豐無意去爭奪，仍然借用腹艙的合作

方式，實現全中國航空派送。可見，順豐將合作與競爭做了極好的平衡，真正實現了雙贏。

而在順豐忙著建立自己的航空公司，並積極和中國航空公司合作時，擁有龐大機隊的國際快遞巨頭聯邦快遞也透露，要把一些低端貨物從自己的貨艙中剝離出來，交由航空公司的腹艙進行運輸，目前美國達美航空公司近四成的業務來自 FedEx 和 UPS 的二日件和三日件。

順豐航空公司的成立是為了提供客戶更好的服務，擺脫了航班的時間侷限性，順豐可以帶給客戶更貼心的服務。同時，自建與合作的平衡也是一種資源的優化，使得雙方均可獲益。

順豐航空逆市飄紅

順豐航空的出現驚豔了許多民營快遞企業，也令 EMS、FedEx、UPS 等快遞大佬刮目相看。順豐航空的基地設在深圳寶安國際機場，離順豐大本營很近，而在順豐航空成立之前，深圳機場就與順豐速運有著千絲萬縷的關聯。

即使在金融危機爆發的危急時刻，深圳寶安國際機場的貨運量仍保持著 1/4 的增幅，在一片慘澹的航空物流市場上逆市飄紅。而 2010 年前九個月，在貨郵輸送量仍保持著較高增幅的同時，其國際貨郵業務的增幅高達 225.3%，尤為引人注目。這不僅有 2010 年 2 月轉移到深圳的 UPS 亞太轉運中

心的功勞，於 2009 年成立的順豐航空也功不可沒。而深圳機場早已認識到順豐這個具有巨大潛力的幫手，積極配合順豐航空的建設，在 2009 年將國際貨站一期場地租賃給順豐，為其全貨機出港服務。

該場地面積近二萬平方公尺，全貨機出港操作專用場地可以大幅提升順豐公司全貨機操作時的地面保障，提高其貨機出港效率，也有利於順豐機場業務的發展。順豐包租的九架貨機可以在此享受到出港卸貨、分揀、裝箱建包、安檢和打板等服務，日均出港貨量為一百五十噸。不僅如此，寶安機場為了順豐航空的建立，積極與人事、稅務、海關部門協調，減少了順豐航空籌建過程中關於稅務優惠、人才引進、專項補貼等阻力。目前，順豐航空的貨運量占了深圳機場總貨運量的 1/4，且保持著 20% 以上的增長速度，可以預見將來深圳機場與順豐航空將聯繫得便加緊密。

順豐總是在不動聲色中完成它的擴張，這次也不例外。成立之後，它以「順豐速度」席捲了中國各大機場，簽訂了合作協定，為其分撥中心輻射範圍，業務覆蓋面積的擴大打下了堅實的基礎。

2010 年 1 月，順豐與蕭山機場在「2010 年香港‧浙江週」上正式建立戰略夥伴關係。蕭山機場將成為順豐中國航空快件運輸樞紐，並支援順豐航空的貨機運營，日起降次數四十以上，航線覆蓋中國十八個經濟發達的大中城市，並開通「杭州—香港」的貨運直達航線。之前香港的快件都需經

過三個流程：「國內航空運輸─廣東口岸通關─陸運進出關境」，而現在的直達航線大大減少了快件運輸時間，凌晨發件，下午即到，只需十二小時。

2010 年 10 月，順豐與鄭州機場合作，開通「鄭州─武漢─深圳」、「香港─鄭州─寧波」兩條貨運航線，與順豐航空華北的分撥中心相互照應，完善了順豐航空物流的網路。

2011 年 3 月，順豐又與南通興東機場簽訂合作協定，分階段在興東機場投放貨機，鞏固和發展南通市的物流網路，和杭州蕭山機場相互照應，與全中國的航空物流進行承接，並為日後的國際航線打下了基礎。

2011 年 7 月，順豐速運的華中貨航樞紐港在武漢天河機場落成。順豐的自有貨機將每週飛行五個班次，執行「深圳─武漢─鄭州」的航線，而另一架全包機也會執行「北京─杭州─武漢」的航線。同時，順豐全中國陸運集散中心的建設也在武漢市東西湖緊鑼密鼓地展開。緊接著，2011 年 10 月，中國機場業首家中外合資企業──咸陽機場、西部機場也與順豐簽署了合作協定，順豐航空將觸角伸向了西北貨運市場。

在順豐航空緊鑼密鼓地在全中國布下自己的航空網路的同時，它自身的股權也在悄然改變。2011 年 8 月，股權重組申請獲批，順豐速運向順豐航空注入資本 4 億元人民幣，結合之前的投資，共占有 85% 的股份，而原本的大股東深圳市泰海投資只持股 15%。

順豐與中國所有貨運公司一樣，採用夜間航班運輸，雖然避免了日間航班忙碌的延誤，但對公司相關方面的管理提出了更高的安全要求，從業人員必須擁有過人的身體素質。因此，除了官方要求的休息時間外，順豐還會將每個飛行員的平均飛行時間控制在局方規定的時間內。

建立時「燒錢」的擔憂已煙消雲散，充裕的貨源支持使得自有貨機的價值更加凸顯，順豐航空對順豐速運產生了巨大助推力。但順豐航空並沒有自大到包攬全中國的航空業務，它有著精確的市場定位。順豐航空在與各個機場簽訂合作協定，開始完善自己的航空網路時，並沒有忘記和航空公司合作。航空公司把重心放在珠江三角和長江三角，並立足於此，涵蓋華北、東北、西南地區，而順豐則同時通過和航空公司的腹艙合作，鞏固全中國的物流網路。

2011 年 5 月，中國最大的貨運航空公司——中貨航在上海與順豐簽訂合作協定，實現「天地合一」的空地聯運組合。

之後，順豐又一改往日零散的合作模式於 2012 年 3 月與南航嘗試了總部合作，並將在中國八個城市開展航空業務。這八個網點包括大連、深圳、北京、長沙、廣州、武漢、海口、瀋陽，雙方將互以對方為優先，在部分客機航班固定合作的腹艙，實現利益共用。

同時，如便利商店一樣，順豐並沒有因為侵占航空物流市場而受到貨運公司的指責，反而平衡了競爭與合作的關係，實現了雙贏。

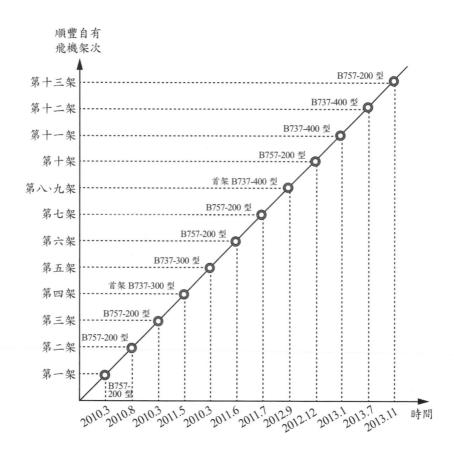

順豐的服務雖然「價高一籌」，但顧客依舊絡繹不絕，順豐航空功不可沒。「快」的服務不再受合作夥伴的航班制約，可以自由運送快件；統一的服務，也令順豐及時掌握全程的快遞動態，可以做出更快更好的反應。

在收穫成功的同時，順豐航空也遭遇著各類問題。目前航空運輸市場發展強勁，但中國在冊的通用航空飛行員數量

不足四千名，培養環境的欠缺與對身體素質的忽視，導致很多年輕人被拒於飛行員大門之外，而另一方面飛行員卻又供不應求。順豐雖然有著自己的人才培養體系，會從內部持續招收簽派學員、機務學員、飛行學員，送到專門的航空院校進行培訓後，再參與公司內部航班的運營。但航空未來的發展市場巨大，順豐目前的選拔體系可能無法保證未來人員的充足供應。與此同時，機場的時刻分配吃緊，順豐航空目前只能以夜航為主，貨機利用率相對較低，並且要求人員快速裝卸，存在一定的快件安全隱患。

第二章
零售關：越逼近答案的地方越迷離

便利商店：求解最後一公里

「最後一公里」，原指在完成長途旅行前的最後一千公尺，後來被引申為完成一件事情前極為重要的最後一步，被廣泛用於教育、交通等方面。而對於物流來說，「最後一公里」指的是快件從中轉站到客戶手中的最後一千公尺。

快遞業的「最後一公里」，既需要完成貨物到分散點的傳遞，又需要直接面對客戶進行服務。近年來，快遞行業發展得極為迅速：從 1990 年的一萬件到 2000 年的一百萬件，再擴展到 2010 年的一千萬件。在急速發展的背後，快遞行業也面臨許多問題，「最後一公里」的難題讓快遞行業舉步維艱。

第一，快遞業務目前已經成為投訴的「重災區」，受到了很大的考驗。據資料統計，2013 年 10 月，中國國家郵政局和各省（區、市）郵政管理局受理消費者投訴近二萬五千件，其中涉及快遞業務問題的占總申訴的 95.3％，涉及五十四家快遞公司。近一半的申訴與快件延誤有關，三成消費者申訴投遞服務，快件短少、丟失、損毀也占了近兩成。天天

快遞以 40.9% 的申訴率高居榜首，其快遞延誤申訴率、快件丟失申訴率、服務申訴率分別為 23.6%、6.5%、8.4%；「四通一達」和一些國際巨頭也榜上有名。順豐以 3.7% 的申訴率排在十名以上。而申訴中占比較大的快件丟失、包裝破損、服務態度等問題大部分都發生在物流配送的「最後一公里」。

第二，電子商務行業迅猛發展，極大地推動了快遞行業，同時也顯露快遞行業服務方面存在的漏洞。如 2013 年「雙十一」的淘寶銷售額為 350 億元，所成交的貨物都需借快遞之于送到客戶手中。這就意味著快遞員在最後一公里需要到不同社區送貨上門，直接面對更多的網購一族。而在等待收件人取件的過程中，快遞員常常會遇到客戶不在家、客戶聯繫个上、收件人無法及時取快遞等各種情況。作為派件終端，快遞人員需要直接面對客戶，其服務態度往往直接關係到以後的顧客關係維護。不禮貌的派件行為、粗魯的服務態度、與顧客隨意賭氣退件，都有可能得罪快遞業的「衣食父母」。同時，某個顧客的抱怨極有可能會影響該顧客身邊的親戚朋友，從而失去一大批潛在的客戶。下面這個例子並不十分普遍，但也在一定程度上說明了快遞行業的服務漏洞。

黃經理曾有過一次很不愉快的寄件經歷。作為一家裝潢公司的經理，為了維護客戶關係，她委託一家快遞公司向各地客戶寄出了從杏花樓、新雅等購買價值近 10 萬元的月餅券和 OK 卡。但沒想到，收到貨物之後很多客戶反而不再與她

合作。黃經理百思不得其解，於是打電話詢問一些老客戶。原來，客戶收到的月餅券為過期券，而 OK 卡內金額僅剩 5 元、10 元。黃經理找到該快遞公司負責人，向其反映了所遭遇的情況。地區經理承諾上報，之後就了無音訊。很顯然，快件不會在寄件公司和中轉站被拆，這種情況一般有兩種原因：一是公司內賊，二是快遞員調包。快件安全得不到保障，顧客怎麼還會放心？一次糟糕的服務就很可能和這個顧客永遠失之交臂，因此規範快遞從業人員的行為不僅關係著快遞公司的直接業務收入，也對客戶開發有著重要意義。

第三，目前快遞行業利潤率極低，惡性競價形成的循環讓許多快遞公司苦不堪言。員工流動大，導致企業完全無法考慮員工素質等問題。低端市場上，民營快遞以低價搶占市場，每件同城的運費在人民幣 5 ～ 8 元，利潤已十分微薄。來自一家大慶民營快遞公司的資料顯示：快遞分「收件」與「派件」，即接手顧客需要寄送的檔案和將快件派送到收件人手裡。其中派件只能拿到人民幣 2 元左右的派送費，基本上是虧損的。而在整條流水線上，我們看不見的分揀工人，工資水準很低，企業根本留不住人。

第四，自油價上漲後，很多低端民營快遞都上調了自己的價格，但快遞員的工資並沒有因此上漲。他們大多以計件為主，底薪極少，網上爆出月入萬元的快遞哥畢竟鳳毛麟角。一線快遞員兼加盟店經理透露，目前快遞行業大部分快遞員都無底薪，有些公司大概有人民幣 300 ～ 500 的底薪。

快遞員一般月入人民幣 2,000 元左右，無「三險一金」，主要以抽成為主，抽成 10%，即一單人民幣 0.5 元左右，即使這一單送的是電腦等高價值物品，也只有人民幣 0.5 元收入，除非客戶對快件保價。快遞員每天需要做單上百件，時間顯得極為寶貴。因此，催促收件人收件、不來收就退件、快件被調包、轉單等事件層出不窮，物流「最後一公里」的管理缺乏規範，頗受顧客詬病。

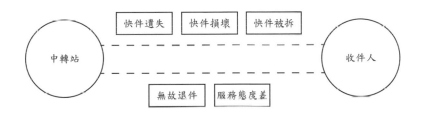

　　第五，目前中國大部分快遞公司（除順豐、EMS 外）的加盟店缺乏統一的規範管理。各店主為了控制成本，也不會強調快遞員要有「客戶至上」的服務理念。大部分快遞員工資以抽成為主，只重視自己能完成的數量，對服務品質不屑一顧。總公司雖然已認識到這些缺陷，但關閉某一加盟店又會影響整個服務區域，造成配送網路缺失，因此對於「最後一公里」的服務品質也心有餘而力不足。快遞員無法得到規範的行業培訓，其自身又無提高自己服務品質的意識，導致許多顧客遭到不禮貌的對待，從而對快遞行業頗有怨言。

雖然順豐速運是直營模式，與其他競爭對手相比有較大的優勢，但也需要面對快遞業廣泛存在的矛盾──「最後一公里」內一線快遞員與顧客的矛盾；日益高漲的成本與難以提高價格間的矛盾。如何在利潤微薄卻業務量巨大的「最後一公里」站穩腳跟，控制好成本，規範快遞員的派件行為，儘可能獲得較多的利潤，成了擺在順豐面前的一個巨大難題。

面對「最後一公里」的難題，中國已有很多解決方法：郵政、天天等選擇和便利商店合作，拓展其服務領域；京東開創了「地鐵收發站」，方便上班一族的快件取送；北京朝陽、海澱區則開通了「社區收發室」，利用小賣部和報刊亭作為代收點，申通、韻達等已陸續加入。

順豐選擇了與便利商店合作的方式來試水溫。2011 年 10 月，順豐在廣東深圳開始了與 7-11 的結盟，並在 12 月與廣州市糧食集團旗下零售終端 8 字連鎖店的四十八家零售店合作，設立了更多的寄件服務點。這是一種互贏模式，順豐將借便利商店提供更便捷的快件服務，而便利商店也將從快件收入中獲得一定的利潤。

但順豐不滿足於此，在與 7-11 等便利商店合作的同時，又低調推出了二十餘家自營便利商店，成了全世界第一家自己經營便利商店的快遞公司，同時計畫在全中國範圍內陸續建立一千家類似的便利商店。

此舉將給順豐帶來怎樣的機會與挑戰？「最後一公里」的難題是否能因此圓滿解決？

依附式「聯姻」

2011 年 10 月，家住深圳的網友在微博上的一張圖片引起了大家的熱議。那是一家冠有黑紅 LOGO「SF」和「順豐」的便利商店。「昨天還是便利商店，今天就成了順豐的網點？」繼與 7-11、8 字連鎖店「聯姻」後，順豐自立門戶，開設了自營便利商店。

其實，2007 年，順豐就在臺灣推行了與便利商店合作的模式，並和四千九百多家全家、萊爾富、OK 便利商店建立了覆蓋全台的合作網點，希望能借此尋求「最後一公里」的解決方法。此後順豐在中國複製此種模式，於廣東深圳開始了與一百多家 7-11 便利商店的「聯姻」，並於 12 月與廣州市糧食集團旗下零售終端 8 字連鎖店的四十八家零售店合作，設立了更多的寄件服務點。王衛還計畫和華潤萬家、百里臣便利商店、百里匯便利商店等合作以擴大規模。順豐將借便利商店提供更便捷的快件服務，而便利商店也將從快件收入中獲得一定的利潤。與 7-11 和 EMS 的檔案類郵件收發合作不同，此次，王衛將眼光投向了包裹，並給予了一定優惠。與標準快件相比，僅首重（基本計價單位）而言，同城或省內件在便利商店寄送可便宜人民幣 2 元，省外航空件可便宜人民幣 3 ～ 7 元，續重（基本計價單位的後續加乘）還有進一步優惠。同時，為了安全起見，便利商店工作人員會在第一時間將收到的快件包裝，全程都在監控之下。這種零

售與快遞結盟的合作模式，對於解決物流「最後一公里」的難題有一定的借鑑意義。

首先，便利商店 24 小時營業，顧客取寄件極為方便。平時上班的白領會收到貨物到達指定便利商店的通知，無須再麻煩同事朋友幫忙簽收，下班後也無須急匆匆地聯繫快遞員，只需順道帶著身分證去便利商店自取即可。同樣，很多消費者為保護隱私或者因為時間急迫，認為快遞員上門取件會帶來很多麻煩。現在只需在確認符合寄件標準的情況下，瞭解附近的便利商店名稱和代碼，致電客戶專線，然後帶著快件到附近的便利商店填寫相關表格即可完成寄件。24 小時的便捷服務可以抓住更多消費者，從而促生更多的快遞業務，而近在咫尺的便利商店寄取業務也滿足了各類顧客的需求，鞏固了顧客對順豐速運的忠誠度。

同樣，和便利商店的合作也方便了快遞公司的派送業務。很多社區居民的快件不再需要上門派送，只需送到定點的便利商店，人們可以隨時去便利商店取件，不再受快遞員派件的時間限制。而快遞員也無須等待收件人取件，節省了極大的時間與人力成本。同時，快遞員與顧客的直接接觸減少，快遞員與顧客因服務態度引起的摩擦也因此減少了，由此引起的申訴也能大大減少。在便利商店取寄件也有利於派送終端的規範化管理，減少快件丟失、破損等現象，改善配送「最後一公里」的大難題。而便利店也潛移默化地為順豐做宣傳，進入便利商店消費的顧客有可能成為順豐的客戶，

從而增加業務量，提高品牌知名度。

　　實際上，這是一種雙贏的合作模式。除了顧客、快遞公司因此受益外，便利商店也可以借此增加店內的客流量，帶動了銷售額的增長。

　　不過，這種合作模式也有一定的弊端。長久以來，很多顧客都習慣了上門取件、送貨上門的業務，對便利商店的寄取業務需要一段適應時間。若快件丟失損壞，容易引起便利商店與快遞公司的服務糾紛。同時，便利商店還會分走快遞公司快件利潤的 8% 左右，對本就利潤微薄的快遞行業衝擊較大。

　　其實，在日本，快遞與零售店的結盟已極為成熟，在便利商店取發快件，順便購買生活用品已成為人們的習慣。德國甚至設有專門的取貨機，提供自行取件服務。

　　當然，並非只有順豐看到了快遞與零售行業結盟的商機，它的競爭對手們也進行了這方面的嘗試。早在 2002 年，由深圳共速達推出的「萬店通」品牌便利商店就做了中國首次嘗試，而中國郵政與美國地平線集團公司更是在 2010 年聯手，放言要在全中國打造一萬個百全超市。但前者在便利網點密集的深圳發展得並不如意，後者則因為配送，進入豫、魯、贛的「鄉村之路」也頗為坎坷。

　　同樣，在 2008 年建立了三千個社區、學校等合作網點的宅急送也有點力不從心。由於管理無法與其擴張速度同步，截至 2012 年，宅急送僅保留了不到三百家類似網點，主要以

學校、超市為主，網點也主要集中在武漢、西安等城市。

　　順豐和 7-11、8 字連鎖店的合作仍在繼續，但 8% 的利潤抽成、結算系統難以統一、服務糾紛等各類問題滋生，從未涉足零售業的王衛是否可以運籌帷幄？

另起爐灶，自營便利商店

　　黑紅的順豐 LOGO 不僅伴著快遞員的小車和制服走遍了全中國，更是相繼在深圳、廈門、東莞紮根，開起了自己的便利商店，順豐甚至把觸角伸到遠在千里的北京。面對各方的質疑，王衛沒有做任何回應。與 7-11 等合作的「依附式」便利商店仍在繼續，而自主經營的順豐便利商店也悄然走進各個城市。

　　在深圳下梅林金梅花園社區，就佇立著一家安靜的順豐便利商店。在這片綠樹成蔭，幾步即可看見一家便利商店的社區，黑紅的順豐標誌顯得如此低調，居民們甚至都不知道它是何時開張營業的。若非收款員身上那套熟悉的順豐制服，前來購物的居民絕不會將這家便利商店與快遞業大佬聯繫起來。

　　其實在 2011 年，順豐就已經在深圳、廈門、東莞等中國城市開始了自己的「便利商店旅程」。先是與 7-11、百里匯等便利商店合作，掛上自己的寄件招牌，並給予市民優惠，擴展自己的客戶管道；同時又悄悄嘗試了自己的便利商店，

將觸角伸向全中國各大城市。

其實，上面提到的金梅花園社區順豐便利商店是順豐在福田的第一家試驗店，而像這樣具有順豐特色的便利商店已在深圳開了二十餘家。便利商店營業時間是早上八點到晚上十點。這種便利商店在布局上分為兩個部分：零售區與快遞區。順豐並沒有拋棄自己的老本行，在零售區，顧客可以在「L」和「I」字形貨架上找到一些洗髮水、沐浴乳等日常用品和小零食，而在快遞區，穿著順豐標準制服的快遞員正在忙碌地處理訂單，轄區內的包裹也會陸續抵達便利商店便於客戶取件。便利商店收銀臺上擺放著一台快件稱重專用的電子秤，旁邊有一大疊快件收訂單據，顧客也可以自行上門寄件。

消費後，顧客會收到一張名片，介紹該便利商店的一些業務：列印檔案、掃瞄傳真……還有頗具順豐特色的自寄自取和滿 10 元送貨上門服務。此外，便利商店還推行一種充值 300 元即可獲得的「順豐卡」。此卡可用於店內的商品購買和寄取件業務，消費的金額可以積分並享受一定的會員優惠。順豐是便利商店的直接投資方，同時也負責「順豐卡」業務。涌過一張會員卡將顧客的商品消費與快遞寄送聯繫起來，打通「零售」與「快遞」兩個不相關的行業，相比以往單調的收發件資料庫，客戶資料將更為完善。

這些便利商店都是另起爐灶，重新建設的，而且選址的原則是「人口密集，能覆蓋到周圍一公里以內的居民區」。對店內

銷售的所有商品也是統一管理，進行集團採購，並不允許加盟制。目前順豐在東莞註冊了八家便利商店，廈門的兩家便利商店也在 2012 年 3 月開張，北京也出現了順豐的自營便利商店。身穿順豐制服的快遞員們不僅幫客戶運送著各類快件，也有可能出現在社區便利商店中，充當一個小小的收銀員，或者幫您送上從便利商店訂購的日用品。

順豐跨界涉足零售業在中國引起了軒然大波，但其實國際的快遞巨頭已有先例。早在 2001 年，國際快遞業巨頭 UPS 通過併購擁有了世界上最大的特許經營公司 —— Mail Boxes Etc.，並於 2003 年更名為 The UPS Store，在繼續經營之前的文檔處理、列印複印等服務的同時，也提供包裝和快遞服務。同樣，聯邦快遞為了掌握連鎖服務終端，於 2004 年收購了金考公司，並更名為「FedEx Office」，其營業額超過 20 億美元，在「三流合一」的進程上邁出了重要一步。但與它們財大氣粗的併購不同，順豐不動聲色地進行著自己的便利商店經營，而且業務主要以主業快遞為主，零售業的收入只是一種成本補充。這樣的經營模式是否能夠解決物流「最後一公里」的難題，並且在獲得更多盈利的同時帶給居民更便捷的服務呢？

的確，順豐有著自己的物流網路，對經營便利商店有著先天的優勢，快遞員可以在運送快件的同時順道運輸便利商店內銷售的商品，而對物流網路的熟悉也便於順豐便利商店進行選址等方面的考慮。同時，便利商店商品的營業收入也

可以彌補收發站較高的租金等成本。那順豐的自營便利商店是否真能借上述優勢進軍零售領域呢？

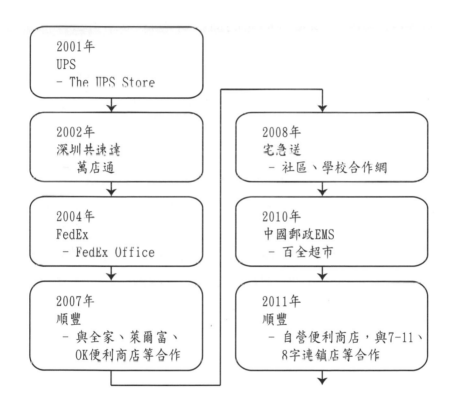

讓我們先來算筆賬：

據 2011 年的樣本資料統計，一家便利商店的人員工資占了企業成本的近四成；緊隨在後的是占 25％的房租；設備折舊與房租不相上下；水電費的占超過 10％，而便利商店的毛

利率為 19%。大部分便利商店面積在 50 ～ 200 平方公尺之間，平均面積為 112 平方公尺，且有著「面積越大，盈利能力越強」的潛在規律。

目前順豐自營便利商店的面積普遍為 30 平方公尺，面積上並不具有優勢。業務主要以「零售」和「快遞」為主，便利商店的很多客戶均為社區居民，而居民很多只將其當作便利商店，甚至有很多居民並不知道該便利商店還可以收發快遞。

同時，便利商店行業也並不容易贏利，越來越多的便利商店企業在主要城市布局的同時也在向二、三線城市滲透，而以 7-11、全家等為代表的外資企業也在擴展其中華區的業務。很多便利商店為謀求更高的營業額，引入了代充話費、販售便當等便民服務。而精密的商品陳列、複雜的商品採購管理都可能難倒順豐快遞員。面對如此激烈的競爭，毫無便利商店經營經驗的王衛是否真能分得一杯羹？

而且假設順豐自營便利商店發展良好，則必然對 7-11、百里匯等便利商店構成威脅，昔日的「聯姻」有可能因此反目成仇，王衛又將如何自處？

出師不利，探索新模式受阻

下班後去便利商店取快遞，順道買些日用品，是順豐自營便利商店帶給客戶的便利。但是北京通州區的顧客沮喪地

發現，快遞仍可上門自取，但順豐便利商店不再賣日用品了。低調的北京順豐便利商店悄悄地出現在社區，但也有部分店面悄無聲息地從人們的生活中銷聲匿跡了。

北京市通州區新華聯家園的順豐自營便利商店在經營了兩個月後，又變成了順豐的普通快遞網點。人們仍然可以在這家店自行取寄件，但無法享受到購物滿人民幣 10 元上門送貨的服務了。店內空蕩蕩的貨架提醒著大家，這家快遞業巨頭開的便利商店已撤銷零售業務，繼續專注於快遞業的發展。

順豐便利商店關門的消息甫出，各界的評論紛至遝來。不少業內人士認為，關閉北京便利商店是因為輔業零售的情況並不好，快遞大佬把零售行業看得太簡單了。在快遞網點開設零售業務，所獲得的額外收入雖然可以補貼租金等成本，但便利商店要求較大的倉庫以存儲貨物，而作為中轉點，接手的多為包裹等快件，且流動性大，順豐的現有倉庫建立得較小，導致庫存、物流等成本過高，零售業務呈現虧損狀態。同樣，零售業需要較大的現金流，順豐雖然不缺錢，但也不會豪氣到冒著高風險一擲千金。況且，便利商店雖然可以解決女性的就業問題，但便利商店從業人員的培訓，對零售行業的試驗都是不小的成本，而人們對這種方式並不適應，周圍店家的競爭都可能加重便利商店的負擔。因此，在零售業務虧損之前撤銷便利商店，專注於自己的主業發展，的確是明智之舉。

順豐並沒有回應種種質疑，只是陳述了一個事實：順豐

只是關閉了北京通州店的零售業務，快遞業務仍在進行，而北京其他店並沒有受此影響。深圳、東莞、廈門等地也並沒有爆出便利商店關閉的消息，可見這只是眾多便利商店中的個別現象。而這個店為什麼會成為零售業務的個例呢？

很顯然，它的選址導致了零售業務的終止。僅新華聯家園順豐便利商店所在的街道就有近十家超市或便利商店，而一家華聯超市就佇立於順豐便利商店 200 公尺外。如此激烈的競爭，再加上面積小與價格高的劣勢，顧客不上門，取快件的顧客也只是單純地取寄件，通州店自然難以生存。

從零售涉足快遞的例子不少，順豐的合作夥伴 7-11 在日本與大和運輸宅急便達成協議，24 小時受理貨物；廣州 7-11 則在 2007 年就與 EMS 合作，礙於排他性條約，目前順豐合作的都是 7-11 直營店，且需提供 8% 的抽成。但從快遞業進軍零售業的不多，面對之前被炒得火熱的「順豐開店」一事，圓通、中通都表示暫時不涉足零售業，不會開設自己的便利商店。

其實，順豐涉足零售業也有其無奈之處。阿里巴巴揚言要砸一億收購物流公司以便提供更好的電子商務服務；淘寶設立了「阿里小郵局」，便於學生取件；京東又建立了自提點和「地鐵收發室」，電子商務中的物流市場逐漸縮水；而中國「四通一達」虎視眈眈，國際巨頭 FedEx 與 UPS 自2009 年《郵政法》公布後的「無照經營」結束，於 2012 年9 月獲批進入中國快遞領域，且價格也低於順豐和 EMS。內

憂外患，順豐的處境並不見得如其營業額一般風光。

雖然與便利商店的「聯姻」被大家看好，但利潤抽成也是沉重的負擔。中國許多便利商店採用加盟制，與臺灣有所不同，順豐不得不和一家一家的加盟店溝通，談判複雜，手續繁瑣，成本花費也大，索性就試試自己經營。

雖然北京通州店的零售業務關閉了，但這並非是對所有順豐自營便利商店的否定。順豐的大部分自營便利商店仍在繼續服務，而其與 7-11 等便利商店的「聯姻」也沒有破裂。此次的大膽嘗試對於解決物流行業「最後一公里」的難題有著重要意義。

目前中國快遞行業處於低級階段，業務形式單一，管理方式落後，「最後一公里」頗受顧客詬病。而順豐的嘗試則打開了一扇新的大門：快遞行業不僅是快件的傳輸，也可以進行多樣化的終端掌控，不一定是零售業，可以從市場空白處入手，重新布置中轉點，從而實現多樣化經營，實現資源的優化配置。同樣，開設自營便利商店或者與便利商店「聯姻」都是一種親民的途徑，便於加強品牌知名度，為顧客提供更好更貼心的服務，可謂「一箭三雕」。

雖然之前提到的郵政、共速達等與便利商店的結盟之路並不順利，但各大快遞巨頭仍在不斷嘗試。順豐與 7-11 等的合作似乎沒有負面報導，而「四通一達」的大本營——浙江，似乎也在悄悄興起快遞與便利商店的聯姻，溫州當家人便利商店可以辦理 EMS 特快專遞，而杭州也出現了與申通、

圓通非正式合作的便利商店；成都的舞東風超市與圓通的合作更是由成都商務局和物流辦一手促成，同時 WOWO 便利商店與順豐的合作也在悄然展開。

「最後一公里」的難題還沒有最後答案。

「快時尚」試驗場

除了壯大順豐的空中隊伍，融資後的王衛新動作不斷。2013 年 9 月，順豐在廣東省東莞市嘗試用無人機送快遞，雖說高成本和國家政策約束是眼前很難跨越的一道溝壑，但並沒妨礙順豐成為人們關注的焦點。此路暫時不通，人們正等著看王衛如何收拾殘局，令人意想不到的是，半個月後，他又猛出一拳，跨境寄送和海外網購二合一的 SFBuy 上線。

雖然和國際四大快遞公司相比，SFBuy 的郵費要低很多，但和中國別的海外網購轉運公司相比，順豐還是兩倍於它們的價格。這讓人不禁懷疑，既然中國有不少海外網購轉運公司，價格上也占優勢，順豐此舉目的何在？

網購的火熱讓消費者足不出戶就能買到各個城市的商品，當剛開始的新鮮感被習以為常代替時，新的需求又出現了，這就是海外購物，而這又給一些公司帶來了商機。但是，中國的海外網購都是經過轉運或者承運的方式進行，從供應商到顧客之間有很多環節，所以時間和安全都得不到保證。有問題的地方就有創新的點，為何不做一家供應商與顧

客間直接供貨的網站呢？順豐之所以在中國比其他快遞公司做得好，優勢就在於速度和快件的安全性，那為什麼不能將這方面的優勢作為與海外網購中轉公司抗衡的競爭力呢？

中國還沒有成熟的供貨端對用戶端的海外購物網站，王衛又成了第一個吃螃蟹的人，他也只能摸著石頭過河。雖說網站一上線第一天就火熱異常，但王衛還是將購買人群限定在順豐內部員工和他們的親朋好友，購買市場限定在美國。點開 SFBuy 的官網，有這樣一行字「現階段只在順豐內部開展，我們會在適當的時候向大家開放」。冒險中求穩，這就是王衛一貫的做法。

只做別人不做的事情就是一種創新。「聯邦快遞之父」弗雷德・史密斯被經濟學家譽為「創造了一個新行業的人」，而弗雷德・史密斯在總結他的成功時說：「成功的創業者首先必須有一個引人注目的、偉大的商業創意，這個創意必須偉大獨特得足以將你和其他普通眾生區分開，因為除非你的產品和服務是前所未有的，否則你個人以及你公司的利潤都將很難出類拔萃。」他引用一句古羅馬諺語「永遠不要去做別人已經做過的事情」來概括上面的話，並進一步解釋說：「尤其是在現代商業社會，你必須是第一個發明者，或者必須是最快的發展者，或者是最高附加價值的提供者。」

當人們還在茶餘飯後稱讚王衛在海外網購上的創意時，順豐服裝供應鏈解決方案正式啟動，「快時尚」成為他的第一塊試驗場。服裝行業的特點在於生產規模大、批量小、款式

多，受季節的影響大。經營好服裝行業的重要一點是提高周轉的速度，減少庫存數量，這也就是物流環節。

王衛提出的供應鏈解決方案是：第一，保持順豐的系統與服裝企業的後臺系統無縫對接，也就是在第一時間共用庫存資料；第二，順豐的自有系統能夠網羅物流環節中庫存、退貨、查詢訂單、配送和結算等所有部分的詳細情況，保證各環節之間資訊暢通；第三，順豐的倉庫管理系統一方面能夠管控旗下所有倉庫的情況，第一時間調撥貨物，另一方面能在最快時間內根據不同店家的揀貨標準出貨。

同樣的原理，王衛在同一時間啟動了手機一站式供應鏈解決方法。順豐速運轉向綜合物流管理是否能夠成功暫時還沒有定論，但能夠確定的是，這必將是未來快遞業發展的新趨勢。引領行業的未來，這是王衛創業之初就一直在做的事情。

雖然如今發展勢頭良好，但這並不意味著順豐沒有失敗過。王衛轉戰電子商務，一度面臨潰敗的局面，旗下的「順豐優選」銷量也不及預期。雖然創新的同時會承擔很大的風險，但王衛認為這種冒險是值得的。因為失敗的冒險可以為公司積累許多經驗教訓，在這些經驗教訓的指導下，冒險成功的係數就會增大，依靠冒險成功所獲得的收益要遠遠大於冒險失敗所帶來的損失。

王衛身邊的人都知道，他一段時間沒新點子就會很緊張，「世界屬於不滿足的人們」，許多創新就是因為不滿足現

狀，通過仔細觀察和耐心總結而來的。

1. 開放心胸，放開眼量，經常注意週遭的環境，每年一次基層「微服私訪」，隨時觀察公司出現的新情況和新問題。

2. 敢於質疑、檢視所有可能的方案，不要因為別人「不可能」、「幼稚」、「沒有人成功過」或「從沒聽說過」的言論而輕易放棄自己的想法。

3. 培養危機意識。比爾‧蓋茨反覆向員工強調：「微軟離破產永遠只有十八個月。」

4. 抽出各個解決問題方案的精華，予以分類整理，再重新組合，看看彼此的關係如何，能否衍生出新的觀點。王衛最近的做法就是將快遞速運與電子、服裝相組合，形成供應鏈。

入夜，順豐航空的飛機停靠在機場，在經過短暫的修整和裝卸之後，它們又會在黑暗中展開翅膀，背負著使命，朝著各個不同的地方飛去。

第三章
電子商務關：事業群須隨勢繁衍

逆流而上，延伸產業鏈

2013 年 11 月 12 日零點，「天貓」數據直播室的大螢幕定格在「350 億」。就在去年的同一時刻，這個數字只是停留在「191 億」。這就是說，2013 年「雙十一購物狂歡節」支付寶的銷售額達到 9 月分全中國零售總額的一半，同期相比增長 83%。如此驚人的資料顯示出電子商務的巨大發展潛力，對於一直身在其中的快遞行業來說難免眼紅，逆流而上涉入電子商務似乎勢在必行。

事實上，早在幾年前，快遞行業就颳起了一陣陣「送而優則商」的跨界風。圓通快遞開設了一個農產品銷售網站——「新農網」；申通推出「久久票務網」，從事火車票、汽車票等網上票務的代購與配送；中國郵政和 TOM 集團聯合打造了一個購物平臺——「郵樂網」，主打服飾、鞋帽、家電等產品的銷售；宅急送推出 E 購宅急送網上平臺；就連國際快遞巨頭聯邦快遞也推出了電子設備的維修服務。

如果說將產業鏈向上延伸是快遞業的發展潮流，那麼，對於王衛而言，涉足電子商務不僅僅是順勢而為，更是一種

未雨綢繆的危機意識使然。王衛心裡不糊塗，在順豐六千多個營業網點和二百億銷售額的繁華背後其實暗潮洶湧。

2008～2012年之間，中國生產總值從人民幣30萬億元增加到52萬億元，漲幅約為70%，而M1貨幣量從16.6萬億元增加到30.9萬億元，漲幅為86%。可見，現實的支付手段和購買力在不斷下降。這進一步造成了地價、物價、油價、人力成本等的大幅上漲。對於「勞動密集型」的順豐速運而言，70%以上的成本構成源於地租、人員成本、油費等。順豐的網點覆蓋了中國三百多個大中城市和一千九百多個縣級市或縣區，集散中心和中轉站的用地量是相當大的，運輸貨物所需的汽油量也是非常多的，地價、油價的微小增長就會造成總成本的巨幅提升。舉個例子而言，如果順豐員工的平均月薪是人民幣4,000元，按照十五萬的總人數來計算，工資上漲10%，那麼順豐的整體人力成本就要增加6,000萬。由此可見，宏觀經濟的變化將對順豐的運營造成巨大的負擔。

而運營成本的增加、利潤率的下降又會加劇快遞行業內部的競爭，順豐的生存空間也會受到一定程度的擠壓。快遞界的同行加緊步伐，逼近順豐的中高端市場。「四通一達」正積極備戰航空貨運，試圖追上順豐時速，搶奪市場占有率。此外，像聯邦快遞、UPS這樣的國際巨頭也在暗中窺視，伺機而動，隨時準備兇猛殺入。

與此同時，「四通一達」幾乎分食了淘寶的業務量，大多

數淘寶客戶對於價格比較敏感，對時效性本身的要求不高，更重要的是已經同「四通一達」形成了穩定的合作習慣。所以，這樣看來順豐的優勢似乎沒有用武之地。若想拓展淘寶市場，必然也是困難重重。

中國 60% 的快遞源自淘寶，剩下的主要來自各大電子商務網站。為了吸引更多的流量，電子商務巨頭之間的價格戰愈演愈烈，各種包郵的活動五花八門、層出不窮。然而，讓利於消費者是需要付出代價的。這種代價一部分轉嫁到商品價格上，另一部分則由快遞行業來承擔。這就難免會降低順豐在電子商務快件上的利潤。此外，現有的研究表明，電子商務自建物流體系所需的配送成本比協力廠商配送至少低 25%。因此，京東、蘇寧、1 號店紛紛著手構建自身的物流體系。曾經的客戶即將變成未來的競爭對手，這一方面減少了順豐的業務量，另一方面又增加了潛在的威脅。

環顧順豐，十面埋伏。順豐想要殺出重圍，就不得不拓展新的發展空間，創造更多的收入來源。不管是「形勢所逼」還是「蓄謀已久」，逆流而上涉足電子商務似乎是王衛的唯一選擇。

「觸電」：連遭打擊

2012 年 6 月 1 日，「順豐優選」上線，王衛正式「觸電」。然而這個在電子商務領域不足兩歲的嬰幼兒有著不為人

知的前世今生。誰也不會想到，順豐的電子商務之路源自偶然一次的「粽子」經歷。

2009 年端午期間，順豐速運嘉興分區的快遞員按部就班地將快件送往所分管的區域。不同以往的是，客戶簽收之後他們並沒有立刻撤退，而是趁機向客戶推銷遠近聞名的「五芳齋粽子」。此時正是端午佳節，粽子必然是每家每戶的必備之物。對於客戶來說，粽子既然自動送上門，何樂而不買呢？這個小小的嘗試幫助五芳齋賣掉一百多萬的粽子，當然也給順豐帶來了一筆意外之財。

「粽子」經歷讓順豐嘗到了甜頭，也帶來了新的啟發。以後，每逢過年過節的時候，順豐便會採用相同的手法操作。比如，中秋節推銷月餅、春節推銷年貨等。快遞員的角色迅速從單純的「運輸工」轉變成積極的「銷售代表」。對順豐來說，這樣的嘗試並不存在太大的風險。憑著天然的配送優勢和品牌口碑，順豐在節日禮品方面的推銷取得了相當不錯的成績，並且屢試不爽。

王衛的遠見並不止於此，除了賣粽子、賣月餅、賣年貨，順豐一定可以賣更多的產品。依託著節日禮品的成功經驗，2010 年 8 月順豐打造了健康生活購物網站──「E 商圈」，旗下產品包括數位、婦嬰用品和地方特產和商務禮品等。除了將「粽子」模式移植到網上零售之外，順豐同時啟動 O2O 模式，為客戶提供便利商店自提自取服務。

當時王衛對於「E 商圈」的面世也是信心滿滿，他在

2010 年 12 月的一次記者訪問中說：「2010 年順豐的整個精力都放在航空公司上面了。從籌建、試運行到真正運行、治理，它與快遞是兩個完全不同的概念。2011 年我們會側重發展電子商務。首先是要加深對電子商務的理解，如果不理解這個行業，出現斷層的話，就很難有一個好的開始。開頭沒做好，那接下來不管你做什麼，都是對錯誤的不斷放大。所以我們前期一直在對資源進行有效整合。

「其實一個快遞公司進入跨行業發展領域之後，就意味著上了一個臺階。我認為一個快遞企業有兩個階段，一個是跨行業發展，一個是跨國家發展。如果能做到這兩點的話，那就意味著它已經開始進入國際公司的門檻。如果這兩方面做不好，走出去會有很大的風險。」

這樣美好的開始理應有一個完美的結局，然而世事難料，不到一年，「E 商圈」慢慢淡出公眾視線，幾乎銷聲匿跡。如今，已被內地人遺忘的「E 商圈」將戰線轉至香港九龍、新界等區域，主要銷售有機蔬菜和食品。究其原因，除了「E 商圈」本身運作上的不成熟，或許還與順豐的「心態」有關，王衛把網上零售看得過於簡單了。「粽子」模式被順豐寄予厚望，殊不知，這樣的經驗難以大量複製在網上的零售產品之上。「粽子」模式的成功要素歸結於「節日性需求」、「包郵」、「支付便捷」。但是，並不是終端配送優勢和快遞員的推銷能力就能成就「E 商圈」。

就拿婦嬰產品而言，相比品種更齊全、價格更優惠的綜

合超市，客戶沒有理由僅僅因為配送速度就選擇順豐的產品。更何況，客戶早就形成了穩定的網上購物習慣，不會輕易改變購物平臺。這就使得「E 商圈」在淘寶或者 1 號店面前毫無招架之力。再拿商務禮品來說，順豐不僅僅要和成千上萬的禮品公司搶奪生意，更要適應這個極具中國特色的禮品市場。而中國的禮品市場除去雜亂、分散的特點之外，還涉及各種關係鏈、信用問題。這是「E 商圈」的現狀所難以滿足的。

　　儘管「E 商圈」出師不利，但王衛並不想就此打住，2011 年年底，順豐速運通過王衛控股的公司取得協力廠商支付牌照——順豐寶。這似乎是為順豐的下一次「觸電」鋪路。果然，三個月後，順豐推出了高端電子商務平臺——「尊禮會」。

　　在業界人士看來，這是「E 商圈」的強化版。同順豐的快件定位一樣，「尊禮會」的市場主要集中在中高端商務人士。它提供的產品主要以工藝擺件、保健品、茶煙酒、非物質文化遺產等高端禮品為主，用戶可以採用網銀、網點積分和順豐寶三種方式支付貨款。然而，「尊禮會」同它前身的命運一樣，早早夭折了。據說，「尊禮會」目前的狀態是「還在測試中」。事實上，高端禮品的目標使用者無非是三種人：財大氣粗的有錢人、收藏愛好者和腐敗消費人群。而這三類人會去網路平臺上消費的機率少之又少，「尊禮會」的失敗也是意料之中的。

從「E 商圈」到「尊禮會」，順豐遵循的均是「粽子」路線，即從禮品市場入手，利用配送優勢和線上線下模式強化競爭力。然而，這兩個項目最後可說都是無疾而終。雖然順豐在快遞行業是絕對的霸主，但在電子商務領域確遭受了連續的打擊。

順豐優選，一路坎坷

即使優選的前世顛簸，王衛對電子商務的熱情依舊不減。他曾經對順豐的內部員工如是說：「順豐優選是一個不能失敗的項目。」且不說最終的優選是否能創造下一個淘寶奇蹟，但可以肯定的是，優選的今生也是一路坎坷。

優選的全稱是「全球美食優選網購商城」，還未出生就貼上了「小眾」、「精品」的順豐標誌。雖說打著「美食」的口號，但旗下產品大多與美食無關，網站上羅列的大量廚衛用具實在和美食相去甚遠。雖然標榜著「進口食品」，但其所占比例已然下降，價格也漸漸走向大眾化。這樣「心口不一」的行徑確實可疑，而且讓人堪憂。

事實上，含著金湯匙出生的優選在上線初期的運營情況並不理想，沒有取得預期的成績。而其他快遞同行的電子商務之路也是跌跌撞撞。除了中國郵政與 TOM 集團聯合打造的「郵樂網」運營良好之外，E 購宅急送、申通的「愛買超網」、中鐵快運商城等的運營情況都不太理想，陷入進退兩

難的困境。

　　向來危機意識過人的王衛，對於優選似乎早有規劃，從 2012 年 10 月的換帥風波中可以察覺出一些端倪。優選前 CEO 劉淼在任不到六個月就退位了，他曾坦言：「憑藉順豐的品牌，成績至少不是現在的樣子。」接任優選的重任落在了順豐集團副總裁李東起肩上。李東起身兼數職，接任優選 CEO 後仍繼續擔任順豐航空總裁。這樣看來，順豐似乎有意為融合物流和商流做準備。

　　換帥之後的優選有所起色，三週內網站流量漲幅接近 100%，相比之下，其他同類網站的流量下滑 30% 左右。然而，優選離成功還有很大的距離。因為電子商務不是網路直銷，流量多，並不代表賣出的產品多；賣出的產品多，並不代表電子商務企業就能贏利。

　　就拿進口葡萄酒來說，首先要解決的是信用問題，也就是說要保證所賣的酒是真品，還有就是低溫儲存問題，但是縱觀全中國，很少有酒水類電子商務搭建了低溫酒窖。而解決這個問題，無疑要在全網構建物流基礎設施。這不僅意味著高額的運營成本，更重要的是還會損失部分使用者，因為有些使用者並不願意承擔物流增值服務所造成的溢價。舉個例子來說，如果優選對葡萄酒的策略是滿 99 元包郵，但搭建物流之後改變支付政策，即只有 120 元的葡萄酒才能包郵。那麼，客戶很有可能轉向 1 號店、淘寶或者酒仙網等其他競爭對手。在這些方面，順豐優選考慮得並不周全，如果不能

妥善解決，很可能造成「投了 1,000 萬卻只賣出 10 萬產品」的下場。

此外，對於電子商務企業而言，客戶資料至關重要，雖然稱不上頂級機密，但會格外保護。而順豐速運承擔了部分電子商務的快遞業務，相應地必然會掌握客戶的一些個人資訊和消費情況。這無疑會讓其他電子商務企業格外警惕，減少順豐速運的快遞量。在優選擴展版圖，搶奪市場的時候，順豐速運的快遞量可能會受到影響。所以，從全體來看，平衡順豐速運和優選也是一個問題。

雖然問題重重，但是優選也不失轉機。一方面，順豐在人力資源管理方面還是比較優秀，這對建立良好的優選信用鏈是一種支撐。另一方面，順豐可以同有經驗的電子商務巨頭強強聯合，比如說可以同京東商城加強合作，互相利用各自的物流體系進一步完善供應鏈。

跨界冷鏈，意圖何在

著名作家喬許・柏諾夫說過：「企業發展要認清自己的長處，你的優點決定了下一步的發展方向，如果你的特長是與客戶有良好的關係和互動，那麼下一步的重點應該是還可以為客戶提供什麼服務，以擴大經營範圍。」對於順豐而言，「優選」只是錦上添花，「物流」才是制勝寶典。王衛深諳此理，跨界只是手段，順豐要做的是中國最大最強的物流

企業。這樣看來，他對電子商務鍥而不捨的追求背後隱現出一個更加明晰、更加合情合理的解釋：順豐涉足電子商務的真實意圖是積累終端經驗，布局冷鏈市場。

「從優選出發建立在倉儲和配送末端的經驗，未來也可能成為集團新的成長點之一。」順豐優選 CEO 李東起的這番話似乎從側面證實了王衛試圖借道優選積累生鮮冷鏈經驗。除了進口食品，優選還有一個關鍵字：生鮮食品。所謂生鮮食品，主要是指新鮮蔬菜、水果、海鮮、肉禽類等特殊的產品。相較於其他產品而言，它們在常溫下很容易腐壞或變質，在運輸過程中需要冷藏或者冷凍處理。而提供新鮮、安全、健康的生鮮食品，要求的是冷鏈物流。

冷鏈宅配業務是快遞業新的利潤成長點。就目前來看，中國的冷鏈市場算是空白，專業化的冷鏈宅配公司少之又少，這就給了像順豐一樣的協力廠商有利可圖的機會。事實上，這塊市場的潛力不容小覷。專業研究資料表明，2012 年中國的冷鏈宅配市場業務總量接近二千萬件，銷售額超過 5 億元，增長速度超過 100%。冷鏈宅配可謂一片藍海，市場前景廣闊，孕育著巨大的商機。王衛正是洞悉了其中的商機，率先切入這片空白市場。

被業界譽為物流領域「珠穆朗瑪峰」的冷鏈配送是一個複雜龐大的系統工程。除了運作成本高、風險大之外，食品的時效性與易腐性決定了冷鏈的連貫性、協調性至關重要。一條完整的冷鏈構成如下圖所示：

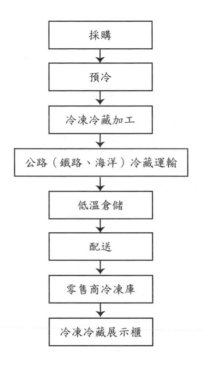

採購
↓
預冷
↓
冷凍冷藏加工
↓
公路（鐵路、海洋）冷藏運輸
↓
低溫倉儲
↓
配送
↓
零售商冷凍庫
↓
冷凍冷藏展示櫃

冷鏈中涉及的採購、冷藏運輸、配送等各個環節都必須控制在低溫環境下和產品保鮮期內。冷鏈的連貫性是其區別於一般物流的顯著特徵，任何一個環節出現差錯，都會直接影響到使用者體驗。比如說，一旦沒有控制好溫度，超出生鮮所能承受的範圍，那麼產品的品質就會大打折扣。對於追求生活品質的目標客戶群來說，吃到變質的食品顯然不會好受。更何況，如今食品安全事故頻頻爆發，消費者對於生鮮食品的信任感本來就不高。

　　或許源於物流的先天基因，順豐在冷鏈環節做得相當不錯。順豐優選已經在華南和華東地區設立了低溫倉儲庫，負責配送生鮮食品，覆蓋城市已達到十一個。對於優選引發的「生鮮熱」，電子商務巨頭自然不會冷眼旁觀。由於生鮮的剛性需求以及各種利好政策，各大電子商務相繼部署生鮮業務。亞馬遜的食品分類欄目中新增了「海鮮」一項，其供應商是一家資深的海鮮配送公司「鮮碼頭」。隨後，淘寶打造了生態農業頻道，提供蔬菜水果、肉禽蛋類等有機農產品。不久之後，京東商城推出生鮮食品頻道，主打產品是番茄。

　　然而，對於各大電子商務而言，生鮮食品所要求的冷鏈運輸顯然是一短處，而在短時間內建立完善的冷鏈物流網路幾乎是不可能的事情。如此一來，這又給順豐提供了一個新的業務發展空間。利用優選所積累的溫控經驗，順豐速運可以為其他的電子商務提供生鮮配送服務。

　　另一方面，國家漸漸開放了藥品運輸市場。顯然這塊市場的潛力無窮，價值更是難以估計。順豐速運若能充分利用其在溫控、冷藏、安全、衛生上的經驗，那麼涉足保健藥品運輸也不是什麼難事。

　　整體來說，冷鏈物流依然處於摸索階段，人才、技術、基礎設施相對匱乏。企業在面對未知的空白領域時，如果只是抱著「試水溫」的心態，缺乏明晰的戰略目標，那麼成功也會將其拒之門外。所以，雖然進入一個空白市場的時機很重要，但是管理者依然需要抱持審慎的態度。

優選逆襲，縮短供應鏈

對於王衛而言，冷鏈物流具有重要的戰略地位。對於優選而言，冷鏈物流主要支撐的是生鮮食品的配送工作。作為一個電子商務網站，優選需要的不僅僅是配送，其本質還是零售，而零售的核心是供應鏈的管理。這樣看來，減少供應鏈的中間環節不失為優選逆襲的路徑之一。事實上，優選採取的策略是：利用順豐的全球網路優勢直購供貨，從而縮短供應鏈。這樣一來，一方面可以降低物流成本，增加利潤空間，另一方面也確保了產品的新鮮與優質。

優選的定位是進口食品。上線後不久，順豐就拿到了中國進出口商品直購商的資質。此後，優選在全球範圍內積極尋找優秀的進出口貿易合作夥伴，並加緊建立採購管道，開展國外直購業務。太陽堂老鋪的臺灣鳳梨酥就是優選的第一單直購商品。

在臺灣的順豐團隊協助下，優選直接與太陽堂老鋪取得聯繫，進行採購，從而省去了中盤商和代理商的流通環節，為用戶提供性價比更高的直購產品。就拿一盒十二粒裝的臺灣鳳梨酥來說，它在臺灣的售價為人民幣 58 元，經過一週的時間成功抵達順豐倉庫，最後優選上線的價格為人民幣 109 元。這款產品在大陸稱得上僅此一家，而同類產品差不多處於人民幣 160 元左右的價位。顯然，優選供應的臺灣鳳梨酥是極具競爭力的。

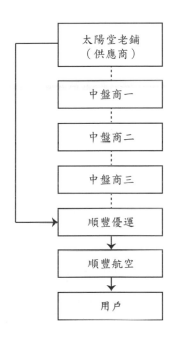

隨後，優選進行了點心、飲料酒水、時令水果和農副產品等品類的直購。與臺灣鳳梨酥的模式類似，借助順豐速運在全中國的物流網路，優選和中國各個地方的廠家和產地直接合作，最後借助順豐超強的配送能力送到用戶手中。舉個例子來說，優選收到使用者的荔枝訂單後，立刻組織團隊去農場挑選、採摘、包裝、封箱，然後通過順豐航空的運輸，在一至二天內便能送到用戶手中。這種做法使得優選以最快的速度將最新鮮的荔枝交付給消費者。具體的直購模式如下圖所示：

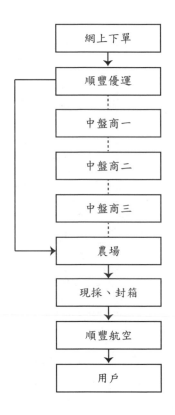

目前，優選在臺灣成立了幾十人的採購團隊，負責選擇商品和銷售地。未來，順豐將在香港、澳門、新加坡、日本、美國等地的物流點設立專門的採購部門，並派駐專業人員負責海外直購業務。

現今，優選的產品品類從最初的五千種增至上萬種，用戶的月度增長率十分穩定，保持在 50% 左右。同時，順豐的

品牌也得到越來越多用戶的認可。雖然優選在電子商務領域只是個新生兒，但在未來，它很可能成為順豐一個極具潛力的利潤成長點。

第四章
危機關：經營最可怕的在於不懂收

SARS 時期是威脅，也是甜頭

2002 年 11 月，中國首例 SARS 病毒帶原者出現在廣州，隨後 SARS 迅速席捲全中國。到 2003 年，人們的生活已經澈底被 SARS 影響，若非萬不得已絕不出門。陰霾籠罩著的不僅是各大步行街、百貨商店，更籠罩著眾多經營行業。這段時間，有一個行業衝破這一片黑雲，贏得了迅速的發展，那就是快遞產業。

在周圍 SARS 病毒環伺的境況下，人們並非不想購物，而是外界環境的限制阻撓了他們。基於此，如何衝破環境的限制就成為眾多產業經營者首先要思考的問題，這也正是 SARS 給快遞業帶來的機會與挑戰。

從具體分析來看，首先大量足不出戶的消費者擴寬了整個快遞行業的目標市場，也就意味著快遞業即將迎來更多的訂單，更大的送貨量。

其次，各大快遞公司在市場的擴大同時也必須接受更多人的檢驗。只有能夠打造出更優秀的快遞，給消費者更貼心的服務，在消費者群體中樹立良好口碑的快遞公司才能夠順

利在產業發展的洪流之中站穩腳跟。

再次，巨大的商機也會帶來更嚴峻的同業競爭，如何在眾多同行之中脫穎而出也成為快遞企業的重要挑戰。

最後，SARS病毒蔓延之快要求快遞行業迅速做出反應。一旦反應不及時，企業很可能會陷入難以擺脫的泥潭。比如若沒有採取有效措施應對龐大的市場增量，企業就可能因為無法兌現給消費者的承諾而被消費者拋棄，還有可能因為市場提供了超速成長的空間，於是不考慮自身能夠承擔的成長容量，不考慮大幅度成長給企業基礎提出的新的要求，盲目追求擴張，最終走入貪食蛇的結局。

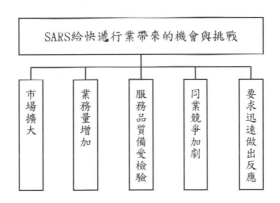

因此，SARS在給快遞行業帶來機會的同時也帶來了挑戰，如果企業不能沉著應對挑戰仍可能出現一敗塗地的結局。

可對順豐來說，SARS帶來的機會遠遠大於挑戰。彼時，正是王衛設立深圳總部，完成全中國收權的時期。收權

之後，員工有了更大的幹勁，企業也更加團結，正摩拳擦掌準備大幹一場。加上自 1993 年以來近十年的積累，順豐應付大容量的業務毫不費勁，服務品質也有一定的提升。而廣州恰好是 SARS 襲擊的重災區，快遞的重要性不言可喻，加上順豐本就從廣州開始發展，幾乎壟斷了廣州及深港地區的快遞業務，基於此，順豐的營業額不斷增加。除此之外，由於彼時順豐經營的地區尚未完全擴展到全中國，長江三角地區也只是稍加嘗試，因此擁有龐大的擴展空間。

隨著 SARS 的蔓延，順豐的營業額不斷增長，王衛的心思也跨到了全中國市場上。截至 2002 年，中國快遞業務創造的利潤額就已經占據順豐公司總利潤的 40%，如何將業務擴展到全中國早就是王衛腦海中揮之不去的願望。但與此同時，王衛深知一旦公司的基礎跟不上公司前進的步伐，就會給公司帶來毀滅性的災難，因此他非常嚴格地控制著公司的發展速度。比如追求速度，要求更「快」，拒絕接大件物品；比如將目標市場定位為收入中高端的人群，避免在價格上與大多數同行爭奪。

事實證明，這些措施對順豐後來的發展有著非常深刻的影響。隨著 2003 年王衛的全中國版圖逐漸鋪開，許多問題都得到有效規避：比如避免了與「四通一達」的價格戰；比如從一開始強調的「快速」成為順豐在中國開闢市場最強而有力的優勢。

這些從業之初就構想清楚的目標和規劃在公司未來的發

展過程中發揮了巨大的作用。「快」是快遞業形成之初最基本的定義；而隨著經濟的發展，越來越多的人會變得更加富有，目標市場也會隨著經濟的發展而不斷增加；同時在大部分快遞公司都爭奪小額利潤的情形下，將價格提高能夠避免許多不必要的麻煩。

　　SARS 帶來的陰霾經久不散，各個行業都陷入停滯甚至倒退之中。但是危機之處常常蘊含著新的機會，而王衛就看準了這樣的機會。

　　2003 年年初，由於受到 SARS 的影響，出門的人數急劇減少，航空業呈現出異常蕭條的景象。為了獲得一點點利潤，航空公司只能將航空運費一降再降。王衛就在此時出手，租賃了揚子江快運的五架 737 全貨機，然後與多家航空公司簽署協定，擁有了他們旗下飛機的專用腹艙使用權。王衛充分利用航空資源，超越了其他民營快遞，打響了順豐「快」的特色，順豐也成為全中國第一家使用全貨運專機的民營快遞企業。

　　面對 SARS 的影響，快遞業的其他公司在發展的同時很少會將自己的產業發展與其他行業聯繫起來，更不會認為危機帶來的全行業縮水能夠給自己帶來機會。王衛著眼於自身特色，從「快」到最快的運輸工具——飛機，得出了順豐速運發展需要航空業支撐的結論，不失時機地推動了順豐的發展。

危機管理並非只有速度一個選項

2008 年 1 月 13 日午夜時分，順豐的湖北分區遭遇了一場嚴重的危機。由於所在區域隔壁房間的供電線路短路，導致大火突然燃起，隨著火勢的不斷蔓延，順豐的中轉倉庫被波及。

由於大火發生的時間非常特殊，順豐的大部分工作人員都已經下班。隨著火勢的蔓延，大量貨物被燒成灰燼。當工作人員發現公司附近火光漫天時，整個倉庫已經被燒掉了一大半。隨即，他們立刻通知消防隊，打電話報告上級，按照公司規定的要求，啟動了順豐既有的應急機制。

隨著消防隊的到來，滅火工作逐漸進入正軌，而就在這短短的時間內，順豐內部的危機應急程序已經完成了好幾個步驟。首先，順豐當晚負責人員迅速將此事報告給總部，同時通知湖北區最高級別管理階層人員。沒過多久，順豐速運湖北區總經理就冒著大雪抵達救援現場，指揮員工配合消防隊員展開工作，同時做出「啟用備用場地，首先保證公司內部的正常運營」，「盡一切力量搶救貨物，最大程度減少損失」等指示。其次，順豐總部在得知這個突然情況後迅速成立了應急小組。這個小組以順豐運營部總裁為組長，客服總監、營運總監、行政總監、企劃總監等為組員。他們被連夜召集起來，在副總裁的帶領下立刻前往湖北區展開危機後的應對工作。而這些事情完成的時候，大火仍未完全熄滅。

　　為了儘快熄滅大火，這一夜順豐湖北區的工作人員幾乎全都沒有睡覺。而第二天清晨 8 點，按照上級指示，他們必須一個一個聯繫貨物受到損壞的寄件方、收件方，向他們通告此次事件，尋求他們的諒解。於是，員工們強打精神，開始一個接一個地道歉、解釋，向客戶說明公司一定會在最短的時間內拿出令對方滿意的解決方案。他們同時也向客戶說明了公司現在的補償方案，即若是一些客戶的貨物非常貴重，順豐會承擔無償補寄重要文件或者開具相關證明的工作。

　　正當湖北區的員工們忙得焦頭爛額時，總部的應急小組抵達湖北區。他們到達事故現場後，做的第一件事就是向政府部門彙報此次突發事件的具體情況。從湖北省公安局、湖北郵政局到湖北政府，順豐的高層管理人員都一一前去說明此次大火發生的原因，表示會儘快處理好善後工作。政府部門在瞭解了相關情況後，表示會全力支持他們的工作，只提出要儘量避免發生商民矛盾激化這種會產生不好影響的事件。

　　除了依靠政府處理突發事件外，順豐還制訂了完善的抵制謠言計畫。任何公司一旦遇到危機，最害怕的不是危機究竟多麼難以處理，而是逐漸滋生的謠言。「三人成虎」的故事說明任何時候謠言的傳播都非常迅速，就是通過人們口耳相傳，假的東西經過加工之後很容易就變成真的，真的也容易變成假的。因此，控制輿論對彼時的順豐非常重要。

　　因而，順豐提前將其他地區的呼叫中心轉移到湖北區，用來援助湖北區的客服工作，同時減少顧客的等待時間。一

旦顧客發現危機中客服熱線難以接通，更多的懷疑就會不斷滋生，如果讓這類不好的言論甚囂塵上，那帶來的危害將更加巨大。

除此之外，順豐還設立了專門的應答室，特別接待那些到順豐公司來詢問具體情況的客戶。這一辦公室直接由湖北區的總經理負責。由於總經理對湖北區內各項業務都非常清楚，加上直接指揮了此次救援工作，因此這個安排不僅讓前來求解的客戶比較安心，還贏得了客戶對順豐的信任感。

與此同時，民眾也開始在網路上不斷討論此次事件，還出現了不少就此次事件抹黑順豐的人。應急小組早已對此有所預料，已經安排好客服人員在通過電話聯絡解釋清楚事件的同時，盡量在各大網站對不明情況的客戶說明情況。

這樣的工作持續了兩天之後，順豐的應急小組拿出了解決方案。這個方案包括兩個部分，第一個部分是向公眾說明火災發生的具體原因，解釋清楚為何會波及倉庫，說明具體燒燬了多少貨物、主要是哪些地區的交易受到了影響等關於火災的情況，同時向公眾表明順豐自己同廣大顧客一樣也是受害者。第二部分則是順豐的賠償條件。順豐認為儘管此次事件給顧客和順豐都帶來了非常不好的影響，但是絕不能讓顧客為這次事故買單。為了在最大限度內補償顧客的損失，順豐決定按照國家《快遞服務行業標準》裡規定的賠償價格對客戶進行三倍的賠償。

這次事故發生後不久，王衛也在公司內部發表了談話。

由於此次意外事件讓湖北區工作人員的情緒受到了非常大的影響，他們大多沉浸在白忙一場的無奈和沮喪中，難以鼓足幹勁繼續工作，因此王衛通過此次談話給湖北區的員工打氣，表示對他們的感謝，同時做出會將他們這個月的工資提高 30% 的聲明。

隨著賠償方案的層層展開，此次事件逐漸平息下來，順豐靠著自身的實力安穩地渡過了此次難關。

特殊時期的決策

2008 年剛開始，一場災難就降臨中國。這場雪災被稱為五十年一遇的大雪，眾多交通要道陷入癱瘓狀態。

中國的大部分快遞企業也因此陷入送貨危機中。自 1 月 10 日大雪落下開始，越來越多的快遞公司發出聲明，停止收發件或者只收件暫緩發件。考慮到殘酷的天氣情況及其帶來的潛在危險，民眾也表示理解這些快遞公司的決定，但是部分重要貨物或檔案的滯留仍然讓他們困擾不已。

就在如此嚴峻的形勢之下，王衛做了不停止收發件的決定。

這並不是因為順豐沒有受到冰雪風暴的影響，實際上順豐的營業點中有將近十個省區市都遭受到劇烈的衝擊，這還不是最主要的，航空的滯留讓順豐感到前所未有的巨大壓力，大量航班取消，大量航線因為安全問題停止運營，順豐

的許多貨物因此無法及時送達目的地。

　　但是決定已經做出，王衛又是個不願意輕易更改決議的人，只能想盡辦法兌現承諾。最後，王衛成立了專門負責此次事件的 128 小組，要求這個小組及時解決任何時間任何地點發生的任何突發狀況。

　　在嚴格的要求和強大的壓力下，順豐的員工們必須盡一切努力克服自然災害帶來的困難。為了將貨物送到目的地，每一天他們都辛勤勞動著，甚至在溫度降到零下的環境裡揮汗如雨。

　　由於大雪的突然爆發，當時的大部分企業都沒能及時反應過來，順豐也是如此。等到清點倉庫庫存時，工作人員才猛然發現每一天都會有超過一百五十噸的貨物囤積。這個數量可不得了，一旦來不及發貨，就可能出現爆倉，物流周轉不靈隨即而來，順豐長期以來打造的優質高效形象就將被砍去一大半。

　　為了順利解決這一問題，王衛下達命令，一定要不惜一切代價把貨物送到客戶手中，讓物流鏈持續運轉，絕不能出現堵塞的情況。在這個過程中，能夠拉近與目的地距離的一切手段都被順豐用上了。

　　首先就是航空，能夠將貨物最快地送達目的地的方式就要數航空了，採用這種方式不僅能夠在風雪天氣這種特殊的時期避免陸運中可能出現的雪災，還能夠更迅速地緩解物流鏈的停滯情況。但是當時絕大部分航線都已經停止，能夠用

的飛機也屈指可數。

為暸解決這個問題，順豐不惜高價租來飛機的腹倉進行送貨，自己的全貨運包機也開通了付費專線全天待命。為了能夠隨時起航，為了保證貨物的暢通流轉，順豐沒有在投資上吝嗇。

但是隨著天氣越來越差，航空變得越來越危險，能夠飛行的航線也越來越少。迫不得已，順豐只能採取陸運的方式。於是，順豐花重金租賃長途幹線車，專門用來運送貨物。

就在這些艱難的日子裡，順豐給客戶留下了深刻的印象。儘管順豐公司內部也有受不了這種殘酷環境而選擇離開的人，但是更多的人留了下來。不管是高階主管還是最基層的員工，每一天每個人都只有幾個小時的休息時間，熬夜通宵更是家常便飯。他們的目標只有一個，那就是將倉庫裡堆積如山的貨物迅速地消滅掉。正是由於員工們的不斷努力，到 2 月 2 日，順豐積壓的貨物只剩下一百噸，按照計畫，最多到 2 月 5 口這些貨物就能被運送完畢。值得一提的是，順豐接到手裡的貨物遠遠不止大雪初下時那點數量。由於順豐是所有民營企業中仍然保證在這種特殊天氣裡持續運行的公司，對許多急於送件的顧客來說可謂救命稻草，越來越多的訂單向順豐飛來。

儘管已經能夠成功將貨物運到目的地所在的省市，但是仍然需要快遞人員將貨物派送到客戶家中。而不少地區本身

交通不便，加上風雪襲擊，變得更難以靠近，派送任務的難度大幅增加。但是順豐的員工們仍然克服了種種困難，將貨物安全快速地送到了收件人手裡。

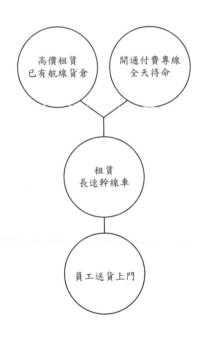

除了派送之外，在嚴酷的天氣裡，貨物的保存情況也不容樂觀。順豐為此特地安排了專業的人員前來輔助，重點是加強防範措施，比如防火防水等問題。倉庫的安全情況同樣要有保證，因此全天 24 小時的監控也非常有必要，同時在特殊時期總可能發生特殊事件，人力看守也必不可少。就是在這樣嚴格的要求下，順豐順利實現了自己的承諾。

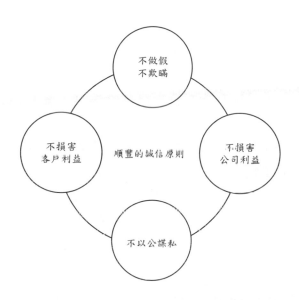

2008 年 2 月 24 日，這場持續一個多月的特大寒流侵襲終於停止，順豐在這場危機中的表現使它在公眾心中的形象提升了一個檔次，儘管做出了巨大的投資，但是順豐得到的以及潛在得到的要比看上去的多很多。

國際化腳步，「穩」字第一

對任何一個企業來說，廣闊的市場和無盡的利潤是永遠不懈追求的目標。順豐作為已經牢牢占據中國民營快遞企業第一位置的龍頭老大，在中國的快遞市場幾乎被各大快遞公司全部占領的情況下，將目光投向更廣大的國際市場成為順

豐未來發展的必然傾向。

2013 年 11 月，順豐最新動態再次爆出其國際化的眼光和戰略。早就開通的日本快件速遞業務進行了進一步的完善，除了對原有程式和系統進行升級之外，還新增了日本快件貨到付款業務。

隨著各國之間的交流不斷增加，國與國之間的人口流動變得越來越頻繁，因留學、旅遊、移民、工作等原因去往異國的人越來越多，更多人希望能夠將家鄉的物品寄給遠在他國的親人。這就給國際快遞業務的發展提供了非常大的市場。加上從事國際貿易人員的增多，對於國際快遞的需求也非常迫切。

王衛早就有向國際進軍的想法，在 2010 年，順豐的版圖就已經開始向南方延伸。但是由於資金投入的問題，加上環境改變、國際市場整體情況不明等實際情況，王衛始終不敢全面推進。他採取步步為營的方式，逐步從中國周邊地區開始嘗試。

香港 1993年	臺灣 2007年	澳門 2008年	新加坡 2010年	日、韓、馬來西亞 2011年	美國 2012年	泰國 2013年	……

王衛第一個看中的目標國家是新加坡。2010 年，除了裕廊島和居民人數不足五十人的烏敏島之外，順豐在新加坡全境所有區域都建立了營業網點。而此次初涉國際快遞業務取得的回響相當不錯，王衛也迅速開始了其越來越大的國際擴

展計畫。

2011 年，順豐同時在韓國、馬來西亞、日本三個國家開設營業網點，版圖向著太平洋方向不斷延伸。隨著走入國際快遞市場腳步的加快，小小的東亞、東南亞地區又怎麼能夠留下順豐疾行的腳步。而今世界最強大最發達的國家仍然是美國，其中潛在的消費市場是眾人垂涎的一塊肥肉。2012 年，順豐將營業網點開到了美國，走入美國快遞市場。

隨著營業網點的不斷完善，而今順豐的版圖範圍包括整個中國，韓國、日本、馬來西亞、新加坡的所有地區，以及美國全境。2013 年 9 月 23 日，順豐成功將其巨大的手掌伸向泰國，直接開啟了泰國全境的快遞服務業務。

這讓順豐的許多粉絲非常欣喜。由於在中國創下的良好基礎，不少跨國企業對無法用順豐進行國際快遞這一點非常遺憾。隨著富裕人群的增多，他們希望能夠得到更好更快的服務，反而不太在乎花費。

除此之外，而今的順豐國際快遞也有它獨特的優勢。首先，在中國的良好口碑讓順豐的信譽在國際環境裡尤其是華人圈裡非常受歡迎，在與 EMS 作對比之後，大部分人都會選擇順豐。其次，隨著順豐網點的全面建設，不管在別國的哪一個地區，順豐都能送貨上門，同時提供高品質的服務。

除此之外，順豐與國際化標準接軌的統一收派隊伍，標準化服務流程，以及管理系統的完善，全程追蹤貨物運送情況等技術的發展，讓不少客戶倍感欣慰。對大部分國際客戶

來說，選擇快遞公司的首要條件是該企業的發貨速度、管理
系統、貨物追蹤系統、服務系統等是否做到了最好。而在同
一標準條件下，若是多家公司達到了要求，顧客通常會選讓
自己感覺最親近的一家。有時候，這種親近的感覺甚至能夠
抵消掉其在運送過程中留下的一些不好印象。得益於此，順
豐獲得了不少國際市場。

　　但是，順豐絕不能因此就減少防範之心，未來仍需要一
步一步踏實穩健地向前邁進。王衛之所以邁開步子時顯得小
心翼翼、瞻前顧後，就是因為太多需要考慮的因素給他帶來
了大量困擾。

　　首先，國際快遞的要求與中國的要求完全是天壤之別。
由於國際快遞環境比起中國快遞環境要成熟得多，因此對於
服務品質的要求也就更高。這不只是單從運輸貨物的快慢程
度以及是否安全將貨物送到客戶手中這種初級層面進行的考
慮，更是從貨物運輸是否人性化，員工服務是否微笑等更多
更細緻的人文服務角度出發。換句話說，國際快遞業要求從
業公司具有更優秀的軟文化實力。

　　其次，開闢國際市場需要非常充足的資金。而資金問題
是限制順豐乃至任何一個民營企業發展的非常重要因素，沒
有足夠的資金，什麼也做不成。而將資金投向國際快遞業
務，無疑冒著更大的風險，因為不知道是否能夠順利贏利。
順豐高層透露，截止 2013 年 11 月，順豐在國際業務領域的
投資幾乎沒有贏利，因為打造全境範圍內的網點需要耗費大

量資金，更遑論其中的技術建設、人員招聘及培訓等的大量開銷。

再來就是對東道國目標情況的未知。由於地域範圍、民族文化、語言風俗等方面的差異，不管進行怎樣的調查，總會感覺對方與自己隔著一層紗，難以看清。王衛也正是考慮到這一點，才選擇從距離中國最近的東南亞國家入手，這些國家的優勢就在於距離近，華人群體多，文化上的差異沒有那麼大，一旦出現事故還可以迅速做出反應，也省去了許多由於社會規則不同可能帶來的問題。此後，王衛仍然不敢邁開大步子，因為國際環境對他來說就像海洋那樣，深藍的海底摸不清前路，不知道哪裡會突然爆發危機，哪裡可能突然閃現機會。

除此之外，國際快遞市場上的四大巨頭對順豐來說也是非常大的威脅。它們分別是聯邦快遞（FedEx），聯合包裹服務公司（UPS），德國郵政（DHL），以及荷蘭天遞（TNT）。不必說順豐，中國沒有任何一家企業能夠超越它們。

王衛也曾對外表示順豐在國際化道路上的困難，無論是軟體還是硬體，都存在很大的差距，王衛說：「正如我剛才所說，中國民營快遞獲得法律地位還不到四年，可以說還處於發展初級階段，和國際快遞大企業相比，我們在資金實力、科技實力、人力資源和經營管理經驗等方面都有不小差距。

「比如，在資金實力上，人家一家企業就有六百多架飛

機，而我們中國所有快遞企業加起來也只有不到五十架飛機；在科技實力方面，順豐的資訊系統在行業內算較好的了，但是也只相當於國際快遞大企業二十世紀 90 年代的水準。人才和經營管理經驗的差距更不是一朝一夕可以趕上的，國際化水準更是還差得遠。而我認為，最大的差距還是戰略。國際快遞大企業開設某個網路，只要能夠支援自身服務品質提升，可以十幾二十年不賺錢。這樣的氣魄和實力都是目前中國民營快遞企業所無法比擬的。」

作為快遞企業，「快」都是必需的要求，而作為國際快遞企業，飛機就是必不可少的工具。截至 2013 年，順豐自有飛機數量達到十二架。但是與四大國際快遞巨頭相比，擁有飛機數量最少的是 TNT，只有四十七架，最多的則是聯邦快遞，擁有六百七十一架飛機。僅僅要追上國際快遞的速度，順豐就至少還需要好些年的努力。

僅僅從這一個方面來看，順豐進軍國際就還有非常長的路要走，目前順豐剛開通泰國的國際服務，美國的全境網點也才建設好沒多久，因此短期來看，順豐仍需要一段時間穩住現有的經營局面，暫時不會有較大的動作。王衛也需要時間進行下一步國際戰略的規劃，在這塊領域，他顯然將「穩」字放在第一。

高速擴張，如何控制成本

在大部分客戶的印象裡，順豐比其他快遞企業更勝一籌

的是它送貨的速度。自 2000 年以來，順豐本身的發展速度也令人驚嘆，儘管中國正值大部分企業的高速發展期，尤其是快遞行業，但是能夠做到像順豐這樣的仍然屈指可數。

當順豐購買貨運飛機的消息傳來時，不少人疑惑不已：順豐的錢究竟從哪來的呢？首先，快速送貨這件事情本身就不容易達到，順豐通過飛機運貨儘管能夠完成要求，但是成本開銷不就很貴嗎？儘管順豐收取的運費是其他快遞公司的一倍多，但是能夠彌補這樣的大型消耗嗎？除此之外，順豐員工每個人都配備高科技產品，用起來的確非常方便，但是那個也會花很多錢，這麼多錢究竟從何而來？

實際上，民眾看到的只是順豐在高科技產品和系統上投資的冰山一角，背後真正的數額難以想像。而這些錢的來源究竟在哪兒呢？順豐如何在自身迅速發展的同時贏得利潤呢？

這就要從王衛特殊的戰略成本控制思想說起了。早在對順豐進行市場定位時，王衛的思考角度就顯得獨樹一幟。他往往出其不意，採取別人很難想到的方法，在成本控制這一方面也沿用了這一風格。

要獲得利潤有兩個途徑，一個是降低成本，一個是增加定價。順豐的定價很少波動，在當今市場已經基本穩定的情況下，再行提價也比較困難。因此，唯一能做的就是降低成本。在其他民營企業大打價格戰的時候，順豐卻另闢蹊徑，採用了完全不同、與國際接軌的成本節約方式。

在王衛看來，只要做到了最好的服務，未來潛在的市場就有被無限擴大的可能。對於快遞，客戶最擔心的就是安全問題和時間問題，能夠在這兩個問題上做到最好，自然就能吸引更多的客戶。因此，在這兩個方面的投資必須不斷增加。比如設備、技術、管理系統等全部更新替換，而且一換就是整個公司所有地區所有網點全部更新。從短期來看，這樣做的確是有非常大的消耗，但是從長遠來看，通過這些更新替換，公司才能承接更多的業務，拿到更多的訂單，獲取更多的利潤。

比如王衛下定決心將自動分揀系統引入公司。儘管這一系統非常有效，但是快遞公司往往需要花上十年乃至二十年的時間才能收回在這上面耗費的成本，這讓不少企業望而卻步。迄今為止，只有國際上的大型快遞公司願意採用此種高效的分揀系統，中國就只有順豐一家。這帶來的效益也非常明顯，順豐從此能夠接受的訂單量大幅增加。而這只是王衛戰略成本控制體系中的一部分，除此之外還包含著更多。

快遞行業基層人員的工作實際上非常辛苦，連續不斷的奔波讓他們非常疲累，不斷確認詳細資訊讓他們非常煩躁，公司嚴格的規章制度讓他們有苦只能往自己的肚裡吞，因而很多人不願意從事快遞工作，快遞公司往往面臨徵才困難的情況。為了留住公司職員，順豐採取的方法非常簡單，就是給予員工高出同行其他快遞公司數倍的薪水。

儘管這一措施看上去使公司成本增多了，但是實際上收

到的效果恰恰相反。首先高額薪酬增加了員工對公司的向心力，保證了已有員工的穩定性；其次，高額薪酬還可以吸引來更多的快遞工作人員，從而省下不少招聘人才過程中所需要的消耗。

王衛是個非常精明的人，他知道在高科技產品中的消耗實在太大，因而不會再讓出任何可以節省的機會。比如在員工送貨這一環節，普通公司都會配套公司的車輛，但是王衛不這麼做。順豐所有城內運送的三輪車、自行車，都是員工自己掏錢買的。普通快遞公司不僅要負責買交通工具，同時還要定期保養，這上面的開銷就是一筆不小的成本。而順豐得益於其計件工資的優勢，員工若想得到更多的收益，就必須要比別人快，比別人拿到更多的訂單，因此也就更願意自己買交通工具。而王衛正好因此省了一大筆錢，控制了在設備成本上的消耗。

此外，順豐還傾力打造自己的網上訂單系統以及及時反映的客服系統。通過這兩個系統的完善，顧客能夠事先瞭解清楚收費標準，還能夠很快找到聯繫公司的方式，下單之後快遞員迅速上門取件，既不會有關於價格的爭論，工作人員也不會白跑一趟，節省了兩方的時間。而如果客戶對價格或者其他安排不滿，最終導致雙方爭吵、交易告吹，那將是非常大的浪費。很可能在這段時間，別的快遞人員都能完成兩張訂單了。

順豐的業務員區域負責制度也為節省成本做出了貢獻，

區域負責制度主要是指一個業務員只負責一個區域，這個區域內的收件派件都是他的工作。這個制度有什麼好處呢？那就是嚴格控制了業務員的接單量。

有的快遞公司為了眼前的利益接了大量訂單，最終難以按時完成導致大量顧客投訴，儘管公司拿到了利潤，但是由於服務品質失去了潛在的顧客市場。而有的快遞公司只做自己能夠做到的業務，儘管在訂單量上不如前者，但是把每一個業務辦得非常妥當，客戶也表示非常滿意，雖然一段時間內利潤不如前者多，但是悄然打開了潛在顧客市場的大門。對於這兩種做法，王衛明顯更青睞後一種，因此他希望員工能夠量力而為。一張無法完成的訂單背後是由信譽抹黑帶來的浪費，而這個量難以預估。

其實出現為了短期利益而不顧企業長遠發展，這也是王衛一直詬病民營快遞企業家的原因之一，王衛時時提醒自己不要犯錯誤，他曾說：「中國的民營快遞企業家總能想出辦法在最短的時間裡賺到錢，戰術上不輸於人。但是，戰術上再贏，只要輸掉了戰略，企業也可能就完蛋了。因此我認為，戰略差距是中國民營快遞企業的致命差距，我們民營企業有個「短處」，就是堅持性不夠，很容易走兩步就放棄了。因此我會要求自己特別關注戰略和投資這部分，對短時間能夠達到什麼規模、贏利多少等關注相對少些，對該採取怎樣的發展戰略以及一定要堅持下去這方面關注多些。當然，現在是戰略不能輸，戰術也不能輸，產業發展還很脆

弱，企業如履薄冰啊！」

最怕不懂「剎車」

有這樣一個故事：某個地方的人在長途跋涉時，連續步行三天，就必須停下來歇息一天。為什麼？因為他們認為，人不能走得太快，一旦走得太快靈魂就追不上身體了，越走越快的話，最終會丟掉靈魂。其實，過快前行不僅可能帶來靈魂的遺失，還可能引發身體各個器官的背叛。

對企業來說，這個道理同樣適用。就高速發展的快遞行業而言，長時間的過快成長會給很多企業帶來了各種各樣的問題，也讓其中不少企業陷入了危險的境地。

當巨額利潤落到頭上時，王衛沒有為可能取得的 70% 乃至 100% 的成長欣喜若狂，反而眉頭緊皺。在他看來，最嚴重的事件不是增長緩慢，而是過快增長，不知道怎麼穩住腳步。

為了緩解這個局面，王衛開始拒絕部分利潤龐大的訂單，試圖通過這種方式將順豐營業額的成長速度壓到合理範圍內。這個措施取得了一定的效果，2003 年之後，順豐的發展速度保持在 50% 以下。為了避免在經濟飛躍的整體浪潮中被拖著走，王衛決定同時用提價的方法來減少訂單：500 公克貨物次日達業務收費從人民幣 15 元上升到 20 元。在這兩個措施的雙管齊下之下，順豐順利保持了 50% 以下的穩定

增長。

　　為何王衛要不惜一切手段來控制企業的發展速度？作為商人，不是就應該追逐企業的迅速擴張，尋求更多的利潤嗎？

　　事實上，快速擴張對企業來說並不見得是好事。企業就像一個人，採取適度的步伐前行才能不斷行走，一旦超過身體負荷，短期內可能看不出來，但長期下來會給身體帶來非常大的負擔，最終難以為繼。而企業快速發展可能帶來的後果就是設備更新跟不上企業擴張的速度，人員培養跟不上企業擴張的速度，不斷增加的業務量同時讓管理人員沒有足夠的時間來處理這些問題，最嚴重的甚至會給整個公司帶來澈底崩壞的後果。

　　除了硬體設施之外，公司的軟實力也會因此受到影響。一旦公司領導只知道追求飛速擴張，落在員工身上的壓力就會不斷增加。就算順豐的員工激勵機制非常完善有效，但是人總是有極限的，若是工作量嚴重超過員工能夠承受的範圍，員工心裡的怨氣就會悄然滋生。尤其是像快遞行業這種企業形象大多由基層員工塑造的企業，他們服務顧客時的態度不好，平日工作時帶著極大的怨氣，可以想見，顧客以後還會使用這家企業的快遞服務嗎？

　　近幾年來，隨著網購的不斷發展，節日和假日成為各大快遞公司又愛又恨的時間。愛的是彼時無數訂單會不斷砸向他們，一張訂單的背後就是一份利潤；恨的是每到這個時

候，過大的運送量會讓許多快遞公司疲於應付，加上人力的有限性，絕大部分貨物都要過很長一段時間才能送達。比如「雙十一」時期，大部分民眾都做好了心理準備：11 月 20 號之內能夠發貨就已經不錯了。而快遞也就「理所當然」地變成了「慢遞」。

伴隨著訂單量的增加，對快遞公司的投訴也在不斷增加。但忙著掙錢的各大公司何來時間去處理這些，最終的惡果就是它們在民眾心裡的形象越來越差，那些認真運送貨物的公司的形象則越來越好。

順豐瞄準了客戶的這種心理，因此確定每日的訂單量絕不能超過限度。順豐的高管曾表示：順豐的要求是保持平衡。儘管我們可以拿到更多的訂單，我們可以實現利潤 70% 乃至於翻倍增長，但是這樣一來順豐貿易的平衡就會被打破，我們不希望看到那樣的結果。而且一旦訂單增多，我們必然沒有足夠的時間做好每一單業務的完整工作，員工也會只想著更快，從而導致服務品質下滑，這都是我們不樂見的情況。因此，為了提供更好的服務，我們堅持一定的訂單限度。

當業界大部分企業都在為高額利潤你追我趕時，順豐自然也不甘願落於人後。但比起其他企業，順豐會適當考慮自身的承受範圍。比如當接單量可能超過三百萬件時，不少快遞公司老闆會笑得合不攏嘴，但是順豐會推掉其中至少五十萬的單子。因為一旦接單量超過二百五十萬，員工就很難在

當天送完庫存貨物，最終可能導致爆倉發生。實際上，「四通一達」等企業在春節期間出現爆倉幾乎已經成了常規現象，而只有順豐的情況稍微好些，基本上能夠保證物流的暢通。

過度接單還會帶來一個非常嚴重的後果，那就是誤差變大、丟失貨物的情況增多。當需要運送的貨物越來越多時，員工心裡會越來越焦急，出現錯誤的機率也會不斷增加。而順豐則要求必須控制誤差率和丟失率。假設某家快遞公司一天的訂單量是二百萬件，若丟失率是 1%，一天至少就會丟失二萬件貨物，這樣的話這家公司根本無法繼續經營下去。因此，順豐制定了將丟失率控制在 0.01% 以內的要求。

王衛在 2013 年的新年談話中，更是堅定了順豐由量轉質的轉型政策，他說：「順豐之前一直都是片面地追求一個『快』字，當然，也贏得了一些客戶的認可，獲取了一定的市場占有率。但是進入 2012 年，我明顯地感覺到，我們的一些產品和服務在市場上不是那麼好賣了。你關起門來覺得自己的服務好是沒有用的，好的服務應該賣得很好才對。但現在的情況是，順豐在市場上有點叫好不叫座的感覺。

「為什麼出現這種情況呢？因為市場開始出現變化了，人民的消費習慣開始改變了。如果我們的產品自己覺得很好，客戶也感覺好，但人家就是不用你，那麼我們很快就會被市場邊緣化，最終被淘汰。」

事實上，順豐的這個決策取得了遠超於其政策本身的福利。當其他民營企業陷入爆倉危機時，更多的快件會選擇順

豐發送，無形中將順豐的形象襯托得越來越高大，增加了順豐的業務量。而貨物丟失率的增加會讓那些民營企業的信譽受到非常大的影響，加上人多數員工在那個階段都會變得非常急躁，出現資訊錯誤、顧客投訴也不會認真對待。比如不少顧客抱怨，某快遞公司的部分快遞員弄錯了貨物還連句抱歉也不說，給客服打電話投訴讓他們迅速把貨物換回來，他們也只是嘴上應著，最後還得打電話不斷催促，過了不知道多少天才能順利取回。因此，與這類快遞公司形成鮮明對比的順豐贏得了更多的市場和更高的信譽。

Part 4
公司的天花板：
員工是因，企業是果

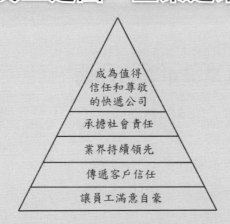

成為值得
信任和尊敬
的快遞公司

承擔社會責任

業界持續領先

傳遞客戶信任

讓員工滿意自豪

　　一個公司的天花板，是它的境界。天花板有多高，包容性就有多大。

　　我們不能苛求每一個基層管理者的管理才能都是天生的，而且，公司在發展，我們也不能等待他們慢慢成長，所以我們必須從公司層面來幫助他們以最快的速度成長。

　　其實我們已經沉澱了很多東西，只是一直還沒有做成一個統一範本。有了這樣的工作範本，再進行資訊系統自動化，就會變成為我們的管理人員提供管理、參考和分析的工具，甚至能夠在上面預警一些可能出現的問題，幫他們做好預防。

　　十幾萬員工就是順豐的眼睛和耳朵，可以傾聽顧客的聲音，管理階層則要傾聽員工的聲音，使好的想法變成新的服務、更好的服務。

——王衛

第一章
利行同事：讓最好的員工最快地成長

員工的意見是最重要的問題

時間就像從手指縫間漏過的沙子，不經意間就沒了，除了越來越大的年齡，還有一件事時時在提醒你，那就是和你一起工作的同齡人變成了一群 80 後、90 後。

王衛手下的員工也是如此，十幾年的時間裡，原來的 60 後、70 後和公司攜手前行，成為管理崗位上的中堅力量，而許多 80 後、90 後成為一線的快遞員，接棒順豐速運。這一代年輕人對於工作、生活和未來的認識和願望與上一代人有著明顯的差別。另外，近些年快遞業的競爭越來越激烈，快遞員們的工作壓力很大，而且工作很累很辛苦。

王衛靜下心來思考這個問題，認識到在這種情況下最重要的就是要加強和員工溝通。缺乏良好的溝通，任何管理行為都無法有效地實施。因為，公司的正常運轉就要靠人與人之間的合作來完成，而人與人之間的合作需要溝通，人與人之間的合作越緊密，就越需要加強溝通。尤其是在危機中，由於危機的破壞性和時間緊迫性，更需要團結合作以共渡難關，因此快速而準確的溝通顯得更為重要。

　　王衛曾在順豐的內部會議上說，管理階層要多和員工溝通，瞭解他們在生活和工作方面的情況和想法，在管理理念上作出及時的調整，在最大程度上解決員工的問題和需要，把這些理念都執行到實處。

　　有一段時間，王衛對順豐管理者和一線快遞員的溝通並不滿意。在他看來，如果公司內部的溝通不順暢，那直接受到影響的就是客戶和公司的利益。因此，王衛常常給管理階層說，不要迴避工作中的問題，有什麼不滿、有什麼話都拿到桌面上來說，用暴力等極端的方法解決問題，不但會影響客戶的利益，還會斷了自己的後路，這是一個不能觸碰的底線。

　　在王衛眼裡，員工與員工之間就是家人的關係，因為同事在一起的時間比和家人朋友的時間還要多，所以他一直相信，有什麼問題都能坐下來好好談，都能說清楚。為了讓溝通無障礙，王衛在順豐總部開設了公開的溝通管道，考慮到不同的人喜歡的溝通方式不同，運用多種媒介確保公司能同每個人進行溝通。

　　王衛創辦了員工溝通三大平臺——工會熱線、走訪談心和論壇工會大家庭。電話傾訴、當面諮詢和書面建議，不同管道並用，員工可以在平臺上傾訴工作中的壓力，或者對生活中的困難尋求幫助，工會會第一時間幫助員工解決。所謂「上醫治未病，中醫治欲病，下醫治已病」，真正厲害的醫生不是治病多麼高明，而是能夠預防疾病的人。在王衛看來等到員工對公司滿肚子怨言，對管理者恨得牙癢癢，或者準備

捲舖蓋走人的時候再去溝通，就已經晚了。

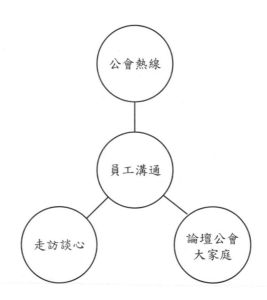

溝通平臺搭建之初，反響並沒有那麼強烈，大家都等著看第一個傾訴的人會得到怎樣的回饋。但當員工們發現提出的問題真的能夠得到解決時，熱情越來越高漲，只要工作中遇到問題，他們都要到論壇或者熱線裡說一說。

一次，一名中轉區的員工給工會發了一封郵件，這個區的員工用巴槍掃瞄快件上資訊的時間是淩晨 1 點到 6 點，全程基本上都是弓著腰完成的，結果下班以後大家個個成了「蝦米」，直不起腰了。這個員工希望公司能夠想出一個解決辦法，建個高臺或者架子之類的。

接到這封郵件後，總部工會立刻向當地的管理階層瞭解情況。調查發現，這樣的問題確實存在，但是由於場地有限，若是建高架會影響中轉區車輛的進出。經過溝通，最後的解決方案是巴槍員工每人配了一張小凳子，坐著掃描，這樣既解決了彎腰問題，還不會影響場地的使用。

另外，王衛還在工會和審計監察委員會開設了投訴熱線，跟進員工對公司管理問題上的投訴。他還組織研發了一些管理工具，比如建設提高資訊化程度的系統，力爭回饋每個員工的需求動態。

從王衛創建的溝通平臺就能看出，他是一個能夠聽得進別人的意見、勇於面對失敗和挫折的人。因為一個公司的管理文化和領導人的性格有很大的關係，只有領導人允許自己做得不好，容忍失敗，才能給員工提供提出建議的平臺，這種管理文化使企業成員不會因為失敗或提出錯誤、離奇的觀點受到打擊而停止與別人溝通。在這種環境中，企業成員敢於提出自己的觀點和看法，從而加強企業成員間的交流，不會因為權威的壓制而保持沉默。

有溝通的意願是一方面，還有重要的一方面是溝通技巧。王衛把加強管理階層溝通技巧的培訓作為工作重點，他認為管理不是簡單粗暴的懲罰和停職，而是用真誠、有技巧的方法去解決溝通中的問題。另外，溝通並不是雙方的技能越強就越好，而是雙方的技能能夠匹配，使溝通順利地進行。比如，用管理者和快遞員都能理解的詞語，還要選擇合

適的溝通環境等。

溝通並不是一件容易的事，因為沒有一個現成的模子可以套用。王衛一直給公司的高層主管們說，只要把員工的每個意見都當成最重要的問題，把為他們解決問題當作最重要的事情，用真誠的態度去對待，捨得用資源去解決，大家的勁往一處使，就能真正做到溝通無障礙。

計件工資：給最好的激勵

在知識經濟時代，薪資管理成為公司管理的重要部分，它對激勵員工，提高企業競爭力有著不容忽視的作用。薪資不僅是員工滿足各種需要的前提，還能實現員工的價值感。所以，從一個公司在同行業中的薪資水準排名就能猜出員工情緒的好壞以及積極性和能力的發揮程度。

心理學家研究表明，當一名處於較低職位工資的員工通過積極表現、努力工作，提高自己的職位績效爭取到更高的職位級別時，他會體驗到由於晉陞和加薪所帶來的價值實現感和被尊重的喜悅，從而更加努力地工作。這一點是每個管理者都應正視的事實。

順豐能夠快速發展壯大，靠的就是王衛在薪資管理方面的獨門絕技─計件工資。在順豐，快遞員的底薪只有人民幣 1,000 塊錢左右，不過王衛除了制定基本工資，還有一部分是績效工資，也就是快遞員接單的數量。在順豐，每一單

的快遞費中有固定的一部分是屬於快遞員的，所以接的單越多，賺得越多。

這種自己做老闆的賺錢方式，大大激勵了一線快遞員的工作幹勁，加快送單速度，對顧客展現良好的服務態度，這些都會給自己帶來豐厚的收入。每個人都這麼想，順豐速運公司的整體形象得到提升，寄件的人多了，自己的收入又會提高。在順豐，每個人的月薪基本上都穩定在一定的水準，而且月入過萬的人也不是只有一個兩個。

王衛在快遞員們開心的笑容、奔跑的身姿和順豐良好的發展勢頭中看到，薪資對於激勵員工以及增強組織競爭力的重要意義。在員工的心目中，薪資絕對不僅僅是口袋中一定數目的鈔票，它還代表了身分、地位，以及在公司中的工作績效，甚至代表了個人的能力、品行和發展前景。按照計件工資來算，順豐的快遞員工資比別的快遞公司高，他們每天接六單快件的收入相當於其他快遞公司的快遞員接十單賺的錢，這樣不但有面子，工作起來也特別有力氣。

即使在企業內部，員工之間也會互相攀比。從單純薪資相差的數字來看，幾十元不算什麼。但是，在員工的心目中，比別人少拿的幾十元是工作業績、能力不如別人的象徵。而在順豐，這種能力是由自己決定的，只要勤奮點，態度好，就能比別人賺得多。

薪資激勵不單單是金錢的激勵，它實質上是一種很複雜的激勵方式，隱含著成就的激勵、地位的激勵等。管理者巧

妙地運用這種薪資激勵方式，不但能調動員工的高昂士氣和工作激情，還能吸引更多優秀人才，大大提高企業的戰鬥力。

原來宅急送的老闆陳平曾說，在順豐，公司和快遞員之間不是上下關係，而是一種分配關係。實際上，最早形成這種模式只是一種偶然，當初王衛發現順豐以代理和加盟的方式進行管理而面臨失控的時候，對不受管控的代理商，他收回他們的權力，但是下面的員工他並不收回，只要這些員工聽從總公司的管理就可以。就這麼歪打正著，計件工資的薪資方式就延續了下來。

不管是歪打正著也好，優秀的管理能力也罷，王衛摸索出計件工資這一套對快遞員來說最好的激勵，這是他在快遞業的首創。把握員工的微妙心理，發揮薪資這根指揮棒的作用進行員工激勵，成為王衛在管理上優秀的能力與技巧。

計件工資之所以給順豐帶來巨大的利潤，還因為這種激勵性薪資與工作的高匹配度。對於管理者來說，要根據自己公司的情況來制定薪酬，而不能簡單地模仿。激勵性薪資的基本構成包括基本薪資、獎金、津貼、福利、保險。在順豐，王衛還給員工的家人提供福利和補貼。

激勵性的員工薪酬模式的設計，就是將上述五個組成部分合理地組合起來，使其能夠恰到好處地對員工產生激勵作用。這裡有三種模式可供選擇：

第一種為高彈性模式，薪資主要是根據員工近期的績效決定。一般情況下，獎金在薪資中所占的比重比較大，而福

利比重較小；在基本薪資部分，實行績效工資（如王衛採用的計件工資）、銷售抽成工資等工資形式。在不同時期，員工的薪資起伏比較大。這種模式有較強的激勵功能，但員工缺乏安全感。

第二種是高穩定模式，薪酬與員工個人的績效關係不大。它主要取決於企業的經營狀況，因此，個人收入相對比較穩定。這種模式有比較強的安全感，但缺乏激勵功能，而且人工成本增長過快，企業負擔加大。在這種模式中，基本工資占主要成分，福利水準一般比較高，獎金主要是根據企業經營狀況及員工個人工資的一定比例或平均發放。

第三種是折中模式，既具彈性，具有激勵員工提高績效的功能，又具有穩定性，給員工一種安全感，使其注意向長遠目標努力。目前很多企業在制定激勵性的薪資體系時都採用這種折中模式，事實證明，它確實能給企業帶來良好的收益。

很明顯，王衛採用的是折中模式，他通過專門的統計技術給每個快遞員劃分一個區域，保證其工資保持在穩定範圍內。績效部分要靠快遞員自己去爭取了，這才有了在馬路上跌倒後爬起來繼續奔跑的順豐快遞員。

不過，王衛在一線體驗中依然發現了這一模式的隱患，他說：「工時長的問題，收派員太累了。現在順豐收派員的收入在行業內處於較高水準是人所共知的，但他們的工作量和壓力也是驚人的。對於這種現象，可能一些行業內的人士

都有所認識。不僅是收派員，連我們基層管理階層的工作量也是相當大。如某點部的組長，從大學畢業後來順豐工作，整整五年，每天除了最基本的點部現場管理工作，甚至還要親自參與分件、搬貨、整理報表，並經常外出拜訪客戶，進行關係維護，工作事項十分繁雜，而且承擔整個點部的業務量、問題件、收派時效、服務投訴等各種考核壓力。

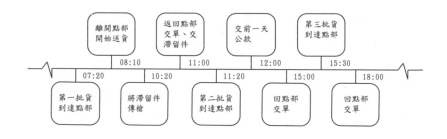

「聽到這個的時候，我覺得順豐真的太對不起他們了，虧欠他們太多。如果我沒有走下去的話，是不會瞭解這麼清楚的。因為投訴反映的大多是管理者不在崗位或缺勤率高。這次體驗後，我覺得我自己沒有資格講「以人為本」這樣的話。點部組長做了五年，天天這樣幹活，他還能熬幾年？如果不改變現有的作業模式，即使公司的分配制度再公平，發展前景再樂觀，員工也是會疲憊的。疲憊之後，對於服務品質、工作態度等就會很消極。

「因此，作業模式一定要解決，要讓收派員更舒服，能有休息時間，能去充電，同時又必須平衡企業成本。這是一項

很艱巨的事。在沒有更好的解決方案之前，我們只能想辦法控制業務量的增長，寧可要質，不要量。不能讓員工太累。」

既幫開門，又給鑰匙

當一個企業越做越大時，就能提供更多的工作崗位，為想要拼得一份好生活的人打開了大門。從現在求職者的意向調查來看，人們選擇企業的標準不再只是工資的多少，而會更多地關注自己進入企業後能夠獲得怎樣的提升和發展。很多企業也開始對員工的成長給予更多的關注，王衛開始在順豐宣導「以人為本」，他不但要給合適的人打開一扇大門，還要送他們一把成長的鑰匙。

2003 年，順豐速運北京地區迎來了首位大學生員工，這個小夥子來自東北，理想是成為一個專業技術和管理水準都過人的管理者。不過，求職沒有想像中那麼順利，結果他成了順豐的一名 IT 工程師，雖然在當時這並不合他意。按照規定，新人來到順豐先要去當三個月的快遞員，之後必須經常到一線去體驗。

小夥子第一個月的工資是人民幣 700 元，他沒租房子住，在公司隨便搭了個床睡覺，兩個月後他拿到了人民幣 3,000 元。不過他原本就不中意這份工作，也不想當一輩子快遞員，於是暗暗在心裡盤算著辭職的事情。這天，順豐總部通過傳真機傳來幾篇文章，小夥子不經意間拿起來看了，

沒想到這竟然成為改變他命運的轉捩點。

文章內容寫的是順豐未來的發展戰略，公司的管理制度等，作者署名——王衛。沒過幾天，他從同事那裡聽說順豐速運的掌門人叫王衛。這之後，小夥子決定留在順豐，不走了。因為看完那篇文章，他覺得王衛是幹大事兒的人，跟著這樣的老闆幹不會錯。

接下來的幾年裡，王衛果然帶著順豐一路狂奔，小夥子也在這裡獲得了很多成長和發展的機會。沒過幾年，他就成為北京地區運營部的基層管理人員，之後坐上了主管的位置，再後來，他成為高級經理，整個北京地區的順豐運營工作全在他的掌控之中。

一個人為什麼心甘情願長久地留在一個企業裡？因為他能看到自己在這裡擁有美好的未來，擁有發展的無限可能，而且員工更願意為那些能促進他們成長的公司工作。在順豐，做一線快遞員要靠自己的拚搏和一流的服務水準，但只要有能力，司機也能坐上管理者的位置。

在談到管理者的成長問題時，王衛說，不是每個人都有天生的管理才華和能力，而且，企業也在不停地變化和成長，所以，順豐會等待員工慢慢地成長起來。同時，企業要幫助員工成長，以能力範圍內最快的速度成長。

培養員工，幫助他們成長，不僅是員工的需要，也是企業的需要。「經營之神」松下幸之助有一句廣為人知的口號：「在出產品之前出人才。」早在二戰前，松下就曾對見習員工

的培養發了專門通告，在競爭激烈時，松下更不忘發出〈關於員工教育個人須知〉的通告，把培養員工真正作為企業的一項任務。松下公司的用人原則是，量才錄用，人盡其才，對可以信賴的人，哪怕他資歷很淺，經驗不足，也會把他安排到重要崗位上，讓他在生產實踐中得到鍛鍊和成長。公司還常對一些有潛質的員工委以看似不能勝任的重任，用壓力和緊迫感加速他們成才。

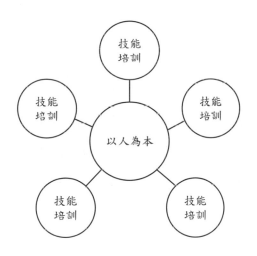

為了讓員工快速成長，王衛努力去瞭解基層職位的需求，提供與之相配的技能培訓體系。王衛將這套體系打包傳給基層管理人員，內容涉及怎樣使用順豐速運一整套的現代化管理工具，怎樣為一線和二線的員工提供說明，怎樣為客戶提供服務，怎樣讓自己的管理工作更加熟練。同時，王衛

還教管理人員怎樣讓管理知識發揮出最大的價值。

王衛針對不同的崗位需求設置了相應的課程和認證，員工只要符合升職標準，就可以到這個系統中學習相應的課程，學會後參加考核，過關後就能獲得相關的資格認證。

正所謂「授人以魚不如授人以漁」，王衛也毫不吝嗇地向順豐員工講述他在成功路上的心得體會：「積極態度＋正確的思維＝成功。我常常對人說，人的成功離不開兩樣東西，一是運氣，二是態度。運氣非常好，但是沒有正確的態度，就好像中了彩票以後揮霍無度，很快就把錢花光了，又被打回原形。而有了運氣加態度，就好像中了彩票之後，積極地拿這些錢做好事，並做一些科學理性的投資，創造價值，才能夠長遠發展。

「短期的成功是以運氣為主，態度為輔，但長期的成功肯定是以態度為主，運氣為輔的，因為最終態度可以左右運氣。堅持執著，懂得分享，與人為善，就會朋友滿天下，有了朋友的支持和幫助，運氣就不會太差。相反，如果你做事態度消極，做事沒熱情，沒毅力，不懂得與人相處，肯定會處處碰壁，有好運也難，好的態度是長期成功的決定性因素之一。

「在我看來，除了態度，人在這個世界上很多東西都無法控制，你控制不了自己在什麼地方出生，什麼時候離開人世，你控制不了自己是男是女，父母雙親是誰，你控制不了自己的長相如何，家裡有沒有錢……你唯一能控制的就是你

的態度，對人對事的態度，對待人生的態度，而這種態度是積極的還是消極的，就決定了你未來的發展。

「不管是壞事還是好事，你都要學會以積極的態度去面對。面對不好的事情，如果你很消極，接下來的事情也許會變得很糟，但如果你以積極的態度去面對，這個壞事可能會慢慢變成好事。因為任何時候都有正反兩面，很多時候我們都只看到了它不好的一面，但它的另一面可能是相當好的。還有一些事情，表面上看起來很好，但背後隱藏著很多負面的東西，我想說的是，積極的處事態度就是，碰到好的事情你要看它背後負面的東西，把它壞的因素降到最低，進而變成好的東西。

「現在很多年輕人出來工作的態度是，你給我多少錢我就幹多少事。我認為這種態度會讓你在職場的道路越走越窄，想要得到，必須先付出，不管你給我多少錢，我都要把自己的工作做到最好，這是我一貫的職業態度。剛剛踏入社會時我也給別人打過工，也投訴過當時的老闆，覺得他給我的薪水太少，但是我投訴歸投訴，有一個原則我始終堅持，那就是我在職一天，交足 100 分，竭盡所能地把工作做好，投訴老闆並不影響我做好工作，因為我做好工作，除了為公司創造價值，也是在增加自己的人生經驗值，所以當時的每個老闆都很喜歡我，說王衛做事很專業，有責任心，各種工作都可以放心交給我，這樣一來，我的機會自然就越來越多，如果一個人總喜歡錙銖必較，生怕吃虧，機會肯定會越來越

少。」

英國卡德伯里爵士認為：「真正的領導者鼓勵下屬發揮他們的才能，並且幫助員工不斷進步。失敗的管理者不給下屬自己決策的權利，奴役別人，不讓別人有出頭的機會。這個差別很簡單：好的領導者讓下屬成長，壞的領導者阻礙下屬的成長；好的領導者服務他們的下屬，壞的領導者則奴役他們的下屬。」如果想要使公司保持高速發展，促進員工高速發展絕對是一條捷徑。

管理階層「微服私訪」

「高富帥」是當下最為流行的詞彙之一，這個人群也引得眾多女性趨之若鶩，不過，如今很難從一個人的穿著和座駕上做出判斷，因為很多有錢人不再一身名牌，而是穿起了 T 恤牛仔褲，不再是雙 B，而是騎上了電動車，比如順豐老總王衛。

2010 年冬天，順豐人力資源部給下屬一個區派去一名實習物料管理員，這名實習員工一上崗，就騎上電動車，和其他快遞員一起到倉庫瞭解快遞背包以及巴槍等物料情況，之後便外出收發快件。誰也不曾想到，這個「實習生」就是他們公司的老總王衛。

有人質疑王衛的這種做法，認為作為一個帶領幾萬員工的大老闆，應該從大的方面掌控公司的發展，而不是去最細微的地方使力。王衛對於大和小的理解不一樣，在順豐，直

接接觸客戶的是一線和二線的員工，對客戶來說，他們就是順豐的形象代言人，管理者必須要瞭解他們的感受才能知道客戶的想法。

當然，王衛也可以派別人去考察，但是每個人看問題的角度都不同，關注點也不一樣，在別人看來是稀鬆平常的事情，也許到王衛這裡就可能是一種企業危機，又或者是一種商機。王衛把去基層體驗的過程看作是給順豐把脈的過程，他去看自己管理的最高層所發布的任務是不是推廣到了基層，即便落實了，又是否能夠真正發揮應該發揮的作用。和一堆資料堆積成的調查報告相比，基層的真實體驗更加直接，也更加準確。

之前，順豐的高層和別的公司高層一樣，喜歡拿著資料研究市場情況，王衛經常告誡他們，在順豐，想要做好管理，最重要的不是研究市場，而是去研究怎麼幫前線的員工把收發快件的工作做得更好，去研究快遞員們在工作中遇到什麼困難，需要怎樣的支援。現在的快遞市場才剛剛起步，不過正以飛快的速度發展，因此每天的市場情況可以都與前一天的不同，不需要像其他已經成形的產品市場一樣去研究和分析。

在王衛看來，快遞市場的情況不是市場資料說了算，快遞員們的說法和回饋才最準確。解決一線員工與客戶直接接觸所遇到的問題，就是幫客戶解決問題，也正是在解決公司的發展問題。

　　王衛不但自己跑到一線去體驗員工的工作情況，每年還組織順豐中層以上的管理者到基層去體驗一定的時間。在他看來，管理者去基層體驗是一件很重要的事情。管理階層管的是一線的快遞員和二線的呼叫中心員工，如果不能透徹地瞭解他們的工作情況，又怎麼能做好管理呢？

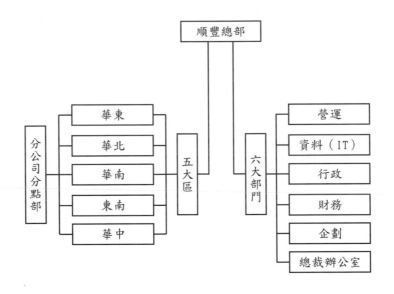

　　在順豐，管理階層去基層體驗並不是心血來潮，而是公司固定的規章制度。所有管理階層第一年要到一線做快遞員，和其他員工一樣上門收發快件等；從第二年開始，基層體驗生活變成做半年的快遞員，做半年與自己崗位匹配的專業工作。拿順豐的財務部門來說，每個區的財務總監第一年要去送快遞，第二年送半年快遞，再到某個網點做半年的會

計或出納工作。這兩部分的工作都完成之後，以後每年的體驗中他們就可以選擇自己感興趣的崗位，不過保證身分不洩露要跨區選擇。

　　每年王衛會和總部的人事部一起，制定本年度管理人員的基層體驗工作，將具體的崗位安排寫成文件，下發到各管理者手中。其中規定，為了體驗到真實的工作情況，每個人都是以實習員工的身分進入相應部門，不能洩露自己的身分，對看不上眼的事情也不能指手畫腳。實習結束後，每個人要寫一份體驗報告，也就是在基層看到和感受到的實際情況。為了避免實習成為一種形式上的東西，每個接待他們的分部經理要把「實習人員」在崗位上的表現寫成報告，上交總部。

　　這種基層體驗活動不但使得管理階層時時與一線的業務不脫節，而且還能夠在精神上激勵員工。順豐的員工看到，管理階層不是坐在空調房裡下達指令，而是到一線去瞭解業務，這讓公司一線二線的員工對公司的管理充滿了信心。

第二章
做順豐為了什麼

如何讓數萬物流大軍工作有尊嚴

前一陣子，一條很熱門的帖子在網上被瘋狂轉載，說有人用順豐速運寄一個價值幾千塊錢的貴重物品，那人對著快遞員千叮嚀萬囑咐，結果快遞員說的一句話讓在場的人都啞口無言：「我一個月一萬多塊錢的工資，怎麼會因為幾千塊錢的東西丟掉這份工作？」

在順豐，珍視自己工作的快遞員不止他一個。讓公司成為最值得信賴和尊敬的速運公司，讓每個員工有一份自己滿意和自豪的工作就是王衛給順豐定下的企業願景。順豐成為讓人尊敬的企業，順豐人也才會變得讓人尊敬，工作做得有尊嚴。這是王衛給員工最大的獎勵，也是讓順豐團隊有凝聚力的最好辦法。

在順豐公司論壇裡記錄著這樣一個故事：一個女孩在進入順豐第六年時，成了一位孕媽媽。由於丈夫在外地工作，女孩生命中最重要的時刻只有肚子裡的寶寶與她一塊。也許是身體狀況不好，也許是營養不良，女孩的眼睛出現了嚴重的炎症，每天都要到醫院打抗生素，但是情況越來越糟糕，

女孩被懷孕和眼疾折磨得疲憊不堪。

就在女孩焦頭爛額之際，公司的同事們得知了女孩的情況，便輪流擔負起照顧她的責任。工作上，盡力幫她分擔，保證女孩的身體不疲勞；生活上，為了避免女孩一個人胡思亂想，住得近的同事就經常拉她去家裡做客。到產檢的時間，同事們不放心，就陪著她，拿著單子在各個樓層跑來跑去；生完孩子回家靜養的時候，她老公沒起來，上級和同事們卻提著營養品登門了。

對這個女孩來說，在順豐，她不僅得到一份工作，還收穫了一群至親的家人。她在論壇裡寫下了自己最想說的一句話：加入順豐，真好！

為了拉近員工與管理者的距離，一向不願談私事的王衛甚至在內部刊物上講起了自己的經歷，以期能引起一線快遞員內心的共鳴。在文章中王衛說：「我覺得我算是比較幸運的，在合適的時間進入合適的行業，而與此同時，自己之前的經歷和鍛鍊培養出來的素質能力又恰好是與這個發展相匹配的。舉個例子，我很小的時候從內地去香港，之後從事快遞行業又從香港回到內地，等我二十二歲創辦順豐的時候，已經經歷了很多事，而且這些人生經歷是其他人很難具備的。

「我是內地出生，會講普通話，也瞭解內地的文化，可以和員工很好地溝通，同時，由於我在香港長大，又能夠學習瞭解西方的文化和思維方式。小的時候我家裡的環境比較艱苦，但正是這種艱苦的環境，讓我在後來進到一些家族企業

工作，看到很多家族人員之間鉤心鬥角的情況，有時候連我
這個無辜的人也被牽連進去，所以從那個時候開始，我就對
那種溜鬚拍馬，拉關係的行為特別痛恨。

　　「上述所有的一切，都是我在成長道路上種下的良性基
因。這些基因，你說是偶然，還是必然？從我四十多年的人
生經驗來看，所謂偶然也是必然的。一直以來，我不覺得自
己的哪些地方比別人強，強在判斷力？強在聰明才智？強在
眼光超前，選中了物流行業？都不是，能夠成就今天的事
業，只不過在於之前的積累和自己的勤奮。所以態度很重
要。」王衛這一番真誠的話讓十幾萬員工感到自己老闆的親
切，在這樣的環境裡成長起來的員工，彼此間一定有很好的
凝聚力和合作能力。他們能夠相互理解、相互信任，懂得
團結與合作對團隊的重要性。「永遠尊重人，信賴團隊的力
量」，這是王衛寫給順豐的其中一條核心價值觀。

　　尊重的需要是人在較高層次上的需要，在團隊管理中，
人人都需要受到別人的尊重。許多團隊的管理者都有一個通
病，就是對成員不夠關心。如果平時不關懷、尊重團隊成
員，處處以命令的方式讓他們做事，團隊成員肯定會心有不
甘，產生牴觸情緒，甚至離開團隊。而重視團隊成員，平時
多關心他們，重視他們的表現，聽聽他們的心聲，採納他們
好的意見，他們就會自動自發地參與團隊的各項工作，積極
配合其他人來完成任務，公司上下就能形成強大的凝聚力。

　　凝聚力也能夠讓員工對工作產生責任感，意識到自己對

團隊建設需盡的職責,並樂於為團隊的發展盡職盡責。在順豐,客服呼叫中心是除了快遞員之外最直接與客戶接觸的部門,他們的工作量很大,每年的最後三個月都是最忙的時候。這時候,人力資源、行政、客服等部門都會參與支援呼叫中心的工作,經理、主管也不例外。忙碌讓他們疲憊,也讓整個團隊更緊密地團結在一起。

金融危機的時候,全球的企業都在裁員,中國的員工也面臨著裁員或者減薪的問題。但是王衛一直和員工站在一起,為他們加油打氣,他非但沒有裁掉一個人,還在年終時給每個人發了一大份年貨。員工們都說,他們在順豐工作很自豪,因為公司處處都在為員工考慮,老闆時時掛唸著員工。

讓員工為自己的公司自豪,並且在工作中獲得尊嚴,這是一個企業能夠留住員工的最好辦法,也是王衛給順豐百萬大軍最好的獎勵。

絕不做機器人的集合體

曾有一名順豐快遞員吐露心聲說,自己就算腿累得沒了知覺也要快步走路,冒著被交警抓到的危險也要快點開車,包裹沉得壓彎了腰也要一口氣爬上樓,遇到再胡攪蠻纏的客戶也要挺住。所有這些他都不怕,唯獨就怕自己沒有做好快遞工作,因為出一個有問題的快件、被投訴幾次他就得捲舖蓋走人。雖然這種說法多少有些戲謔的成分,但從中我們不

難看出順豐對快遞人員有著較高的要求。

在順豐，有一樣和工資考核制度具有同樣高級別保密要求的東西，就是《員工手冊》，裡面記錄著順豐的企業精神和文化，而對於員工來說，他們最關注的是行政條例和扣分制度。每年每個人有一定數目的積分，一旦犯了手冊上的錯誤，就會被扣分，扣到零分就會被開除。比如，填錯表格扣10 分，留指甲扣 4 分等。

雖說一條條明文規定的條例將順豐快遞員變成了機器人，但其實這並不是王衛本意。

有一年，兩個順豐運貨司機像平常一樣到網點送貨，沒想到途中遇上車禍，車子翻成肚皮朝天，倆人身上也多處受重傷。事故現場的好心人幫忙叫來了救護車，沒想到兩名運貨司機怎麼也不肯上車，非要等到公司派來救援車，親自把自己這一車快件完整地送到救援車上才肯放心。在年終表彰大會上，這兩名司機被評為優秀員工，不過王衛表彰完他們後說了這樣一句話：「在順豐速運，做任何事情都不能將生命作為代價，我不希望你們這麼幹。」

從這句話我們能看出，王衛希望順豐培養出的員工不僅是按照標準流程操作大型機器、開關快遞管道或者寄件的機器人，而是成為他的精神合作者。

眾所周知，快遞員的學歷水準等在社會行業中處於較低的位置，為此王衛出版了順豐內刊，定期發表文章，豐富員工的頭腦。王衛曾經在順豐內刊上發表文章，分享一些自己

的做人做事之道，文章裡寫道：「首先是積極進取的思考方式。其實每件事情的發生都是有前因後果的，用佛家的話來說，這一切都是如因果在進行。我們今天的一切，其實都是由以前發生的事情所決定的。就好比一天，你在酒店突然醒過來，你不知道自己為什麼在這裡，那是因為你忘記了你的昨天、前天、大前天……所以命運沒有無端的安排，只是你丟失了一段記憶。在命運的安排下，沒有無端發生的事情，而唯一能改變這個過程的，就是人類的思考方式。這也是我今天要跟大家分享的第一點——思考。

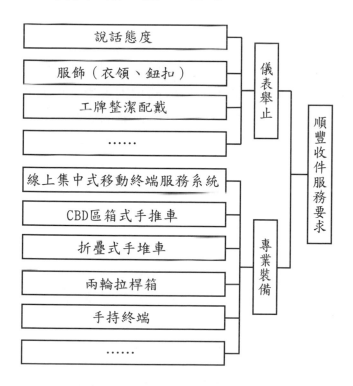

　　「其次是追求真正長遠的快樂。積極向上的人生，是所有人都嚮往的。這個世界上，沒有人要追求痛苦，逃避快樂，但是，現在大多數情況恰恰相反，很多人往往追求到了短期虛假的快樂，最終得到的是長期無盡的痛苦。所以第二點我想和大家分享的就是——追求。

　　「除此之外，還有很多人是把自己的快樂建立在他人的痛苦之上，或者是通過出賣組織，出賣公眾的利益來獲得自己的快樂。其實這些都不是真正的快樂。比如有人在飯店對服務生態度很惡劣，為的是在朋友面前顯示自己很威風、很有地位。其實這樣做是很愚昧的，因為他把自己的快樂建立在了人家的痛苦之上。而被他無端辱　的人是一定會恨他，這種仇恨會帶來各種各樣的報復，形成一個惡性循環。他雖然獲得了瞬間的快樂，但可能給自己和別人帶來更多的痛苦。所以，真正、長遠的快樂，是自己快樂的同時大家也快樂，成就自己的同時也成就他人，贏得別人發自內心的尊重。

　　「還要學會正確看待人與我。追求真快樂是我們的方向，因此我們要正確看待我們的人生。這是我要說的第三點——正觀。正觀就是正確地觀察，正確看待自己。如何才能做到？其實很簡單，就是用看別人的方法看自己，用看自己的方式看別人。茶餘飯後，大家經常會說人家的是非，都很挑剔，可如果你看待自己的時候也能用這麼挑剔的眼光，嚴格要求自己，那才是正確的態度。

　　「最後還要有『捨與得』的智慧。用正確的人生觀去觀

察，去看待周圍的事物，包括自己，接下來還要懂得『捨與得』。有捨才有得，這是我這麼多年來的感悟。捨去你的憎恨，捨去你的埋怨，你會得到智慧；捨去你的『面子』，你會得到尊重；捨去你的貪婪，你會得到真正的財富。同時，得到的這些都是永久的，會讓你進入一個良性的循環。比如這樣堅持下去，你會發現自己得到越來越多來自四面八方的幫助。而這一切，不去捨，就永遠也沒有得。」

順豐還設有專門的法律和心理諮詢和援助部門，以及培訓、升職和人才儲備等機制。甚至於一向羞澀的王衛還當起了紅娘，組織聯誼會，幫公司裡的單身男女牽線搭橋。

王衛做這些就是希望員工不僅將口袋裡的錢和公司拴在一起，頭腦裡的精神也和公司融為一體。「成為精神上的合作者」，這就是王衛給順豐灌輸的核心價值觀，也是他經常宣導、「以人為本」的企業精神。

以人為本是確立企業價值觀的首要原則。索尼公司創始人盛田昭夫說過：「如果說日本式的經營真有什麼祕訣的話，那麼，我覺得人就是一切祕訣最根本的出發點。」企業文化強調以人為中心的管理，強調把人放在企業的中心地位，在管理中尊重人、理解人、關心人、愛護人。

人的需要是由對物質條件的渴求提升為對精神生活的追求和昇華的發展過程。因此，企業首先要滿足和維持員工的物質需要，為員工提供基本的工作環境和物質保障。員工的基本物質需求和自尊得到滿足，才會真誠地與人分享這種感

覺並體現在工作中。

再次，要刺激、引導需要，即提供激勵因素，引導需要往更高層次發展，如確立科學的價值觀、培育員工崇高的精神和道德理想追求等。總之，現代企業須以人為中心，通過不斷激發和滿足對人的需要在最大限度內調動人的積極性，使企業價值觀得到豐富和發展。

投訴不間斷，給點時間讓它成長

2008 年，一則關於順豐速運的投訴案在報紙上被刊登出來。夏先生通過順豐託運一批手機，總價值在 10 萬元左右。收件人簽收時發現貨物很輕，便馬上退了回去。夏先生打開快件發現裡面少了許多手機，到順豐投訴才發現遇到這種情況的不止他一人。按照順豐規定的索賠辦法，夏先生能獲得一萬元的賠償金，可這也遠遠低於貨物的金額。夏先生強烈抗議，但是順豐速運表示，在託運之前有一個保價選項，如果選擇了則按保價賠償，沒有選擇就按託運費五倍的價格賠償。不過，託運單上明確寫著每單貨物價格不得高於 2 萬。

2013 年元旦，劉先生通過順豐寄出一箱海鮮，寄件時劉先生問能否當天寄到，快遞員保證說：「今天不行，但是明天肯定能到」。這期間，劉先生一直提醒快遞員一定要保證第二天寄到。誰知第二天朋友並沒有收到海鮮，原來貨物被扔

在倉庫裡沒寄出。直到第三天，朋友才收到這箱海鮮。

除了貨物丟失和快件延誤之外，關於快件損壞、快遞員服務態度差的投訴也從沒有停止過。

雖說現在快遞業仍然不可避免有很多投訴，但相比幾年前，這種情況已經大大地改善了。一方面是顧客敢於站出來維護自己的權益，另一方面是快遞業越來越正規了。王衛曾把中國的民營快遞發展比作「先生了兒子才拿到准生證」。快遞業剛發展起來的時候，快遞公司都是無照經營的，順豐也不例外，是違規企業，是「黑快遞」。所以一旦做業務的時候被郵政部門抓個正著，剛賺到的第一桶金就得賠個精光，王衛只得帶著員工偷偷幹。很多到北京順豐做了很多年已經買上房的快遞員回憶說，剛來時告訴家鄉人自己在做快遞員，老鄉們都以為他是在做傳銷。

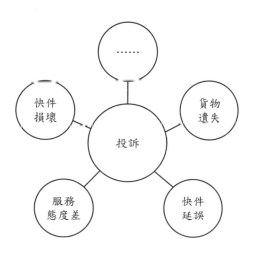

　　那個時候，王衛都不怎麼敢想未來，因為不知道快遞業能不能活過明天，當企業連生存都是問題的時候，服務上自然沒有太大的保證。所以，那時人們寄個快件就希望能順利到達目的地，只要別中途丟了，在路上走的時間長點也沒多大關係。

　　那時候，民營快遞企業不能從政府手上拿到地，也不能配備機械設備，全部是純手工的工作方式，這導致了工作效率很低，出錯率很高，加上市場需求突然增大，寄送件的速度也就很慢。想知道自己的快件寄到哪裡了，打電話問也不一定能查到。

　　2009 年，新的《郵政法》頒布，民營快遞企業得到政府的重視，大的快遞公司都成立了自己新配有機械設備的分揀中心。皮帶傳送替代了人工手拋，問題件越來越少，速度越來越快。想知道自己的快件到哪裡了，直接到網上就能查到。公司還會遠端監控運貨車的情況，避免中途掉包的情況出現。

　　這些年，王衛在提高順豐的服務水準上投入了大量資金。比如，每年公司運貨車都要增加二千輛左右，費用在人民幣 3 億元左右；添置飛機的投資也上億。這只是一次性投資，後期飛機的運輸成本、維修、機組人員的培訓等都需要持續不斷的資金投入。

　　2011 年，王衛還投資研發了一套自動化系統，用於自動分揀不超過十公斤的快件和包裹，試用合格後就可以在全中

國投入使用，這不但能提高分揀速度，省下不少時間，還能大大提高分揀的正確率。

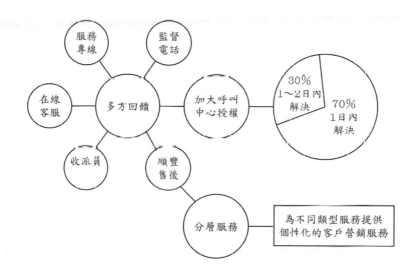

但是，現在的快遞業務量急劇增加，問題也不可能全部避免，服務品質並不是一朝一夕能夠改變的，全面提高服務品質需要一個很長的週期，三年五年都不一定有效果，或許需要十年八年或者更久。

在創業之初，其他快遞都有件就寄的時候，王衛對順豐就有服務品質要求。後來有人問他，為什麼溫飽都是問題，政策也有風險的時候，還要把提高服務作為重點去做呢？他說人不同，做一家公司的目的也不同。順豐不是只把業務指標當目標，不追求排行榜上的名次，也不追求多大規模，而

是希望公司和員工都受到大家的尊重和信任。

　　經商這麼多年，王衛一直覺得藝術家氣質是企業能夠長足發展的一個重要原因。做企業就是做人，為了錢而畫畫和為了藝術而創作的作品是不一樣的，做事中傾注理想，事情就能做好，而財富和利潤就會隨之而來。理想和追求像一個大手，推著你不斷改正自己的錯誤，不斷前進。不把企業單純地當作賺錢的工具，而是要讓公司和員工都能得到大家的信賴和尊重，這是王衛做人的標準，也是順豐的願景。

　　為了贏得尊重，王衛把服務作為順豐最重要的事情，但是投訴不能也不可能杜絕。畢竟民營快遞在中國的歷史只有十幾年，獲得「准生證」也才五年，和國際知名快遞相比，還有很多地方需要進一步規範和學習，當然，不是學它們的規模，而是它們的服務品質和聲譽，學它們怎樣成為受人尊重的企業。

　　現在順豐已經有十幾萬員工，和客戶直接打交道的一線和二線員工占了很大一部分。在客戶眼裡，他們是什麼樣子，公司就是什麼樣子。所以，對王衛來說，他面臨著越來越大的管理壓力，提高員工的素質也是他一直不能鬆懈的目標。

做企業不是為了賺錢

　　「樂善好施、扶危濟困」是流淌在中國人骨子裡的精神，

王衛就經常說「做企業的目的不是賺錢」。他從來不把「回饋社會、關愛民眾」這樣的話放在嘴邊，從未說過要肩負社會責任這樣的話，但他確實用實際行動踐行著這樣的信念，他一直帶領順豐的員工承擔相應的社會責任，慈善工作一年也沒有落下過。

所謂企業社會責任就是一個企業在提高自身利潤的同時，對保護和增加整個社會福利方面所承擔的責任，也就是對社會現在和未來的發展所承擔的責任，既包括強制的法律責任，也包括自覺的道義責任。

「致力於承擔更多的社會責任」是順豐的企業願景之一，但王衛是個很低調的人，對外捐款也大都是以順豐速運的名義進行的。這些年，順豐的慈善救助範圍涵蓋了扶貧助學、抗擊非典、抗震救災、災後重建等多個方面：

2003 年，中國遭遇非典，順豐捐贈人民幣 200 萬元。

2004 ～ 2007 年，順豐投入人民幣 350 餘萬元用於慈善事業。

2008 年，發起「512 大地震，順豐在行動」：累計捐款人民幣 937 萬元並捐出可供三千五百人使用的帳篷；組織七十八名志願者趕赴災區救助和重建。

2010 年，青海玉樹地震，順豐航空為災區無償運送發電機組，並捐款人民幣 1,000 萬元。

2011 ～ 2012 年，參與多省的貧困小學援建，慈善投入上千萬人民幣。

2013 年，順豐參與雅安賑災：為各地賑災物資提供免費物資運送，累計免運費達人民幣 2,700 萬元；用於教育、扶貧上的捐贈達 1,200 多萬元。

…………

2008 年 5 月 12 日汶川發生大地震，一得到這個消息，不到一小時的時間，王衛就帶著順豐高級主管成立了「512 地震應急小組」。應急小組先是對四川地區的員工受傷情況進行瞭解，成立臨時的聯絡中心，在準確瞭解受到地震影響的人員、業務等情況後，以最快的時間做出應對。

王衛對四川網點的負責人說：「首先，所有工作的重中之重是保證員工的生命安全，這是一切的前提；其次，在生命安全的前提下，作為一個有責任感和有擔當的企業，順豐必須要保證客戶快件的安全；公司的財物安全放在最後一位。」

在公司內部工作正常運轉的情況下，順豐全體員工凝聚起來，為抗震救災做出了應有的貢獻。一週的時間，包括順豐港臺地區在內，總部捐出人民幣 697 萬，員工捐出人民幣 228 萬。

除了捐款，還能做些什麼呢？從發生地震時起，往災區運送物資就成為除了救人外最重要的事情，這不正是順豐的優勢嗎？王衛馬上派出救災小組，並且表示順豐將為政府和所有社會機構免費往災區運送物資，同時順豐四川網點每天提供四輛車做救災專用。

看著一車車的物資運到了災區最前方，這個平日裡硬朗

的漢子也濕潤了眼眶。當得知災區人民最缺的是帳篷時，王衛想辦法買了許多帳篷送過去，解決了近四千人的住宿問題。除了捐錢捐物，順豐的員工們也想親赴災區幫上一把，但考慮到災區情況，最後王衛派出了七十八名志願者，分三批進入災區，參與救災和災後重建工作。

優秀的企業不僅在市場表現上優秀，在履行社會責任上也是如此。強烈的社會責任感能夠增強企業的影響力，反過來促使企業在市場上獲得更加輝煌的業績。就像王衛寫在順豐內刊上的文章：真正而長遠的快樂，是自己快樂，別人也快樂，這是與大家分享時才會有的一種感覺。有錢自己花，也許當時很開心，但那只是暫時的，並不能持久，而拿錢去幫助需要幫助的人，別人在你的幫助下越來越好，你也會非常開心，而這種能量是能夠傳遞的。世界上的能量是一個平衡系統，你付出了什麼，回到你身邊的也將是什麼。

附 錄

王衛的談話

致湖北區參與江漢中轉場重大火災事故救災工作同事書

各位同事：

我們這次經歷了順豐有史以來最大的事故，初步估計受波及的快件達八千多票，而票件總重在十噸左右，按初步的賠償方案及免費補寄所產生的費用，估計造成的直接帳面損失是以百萬來計算的，而這個估算還沒有考慮一些客戶的追加索賠。該事故對公司聲譽所造成的負面影響及由此帶來的間接損失更是無法估計。

這是順豐十五年來所發生的最嚴重事故，但是我覺得這個事故給我們造成巨大損失的同時，也使我們得到了一些東西，而我們所得到的遠比我們失去的多。我們得到的是這場事故使我們認識到我們擁有一批熱愛企業，對客戶高度負責的同事，他們通宵達旦地點算、再包裝、清理現場，這些同事在大雪中奮力救災的時候並沒有任何怨言，甚至沒有提出要加班費，他們讓全網路的同事看到在湖北區有這樣一批無私奉獻、堅守崗位、不計較個人利益的好員工。我覺得這種精神是用再多金錢也買不到的，而金錢買不到的東西才是最真實的。這種精神代表的是一種凝聚力，我們的同事對待公司就像對待一個大家庭一樣，共同支持她、共同維繫她。

在這裡，我對湖北區所有參與救災工作的同事致以崇高的敬意，公司以有這樣的員工為榮。同時，湖北區所有參與救災工作的八級以下員工可以得到當月薪資 30% 的獎金，以作為公司對這些員工的謝意。當然，我們並不是想用錢去說明什麼，這只是公司的一點心意。相信湖北區有了這樣一批同事，必然可以儘快渡過難關，順豐也必然可以在中國的快遞市場立於不敗之地，去面對任何困難和任何競爭對手的挑戰，因為我們有著這樣的員工，這樣的一個大家庭！

2008 年 1 月 16 日

用生命捍衛價值觀

人有夢想，才會有追求；有追求，就會有自己的價值觀。企業也一樣，有文化作支撐，企業才會持續發展。可能在某些人眼中，企業經營，只要業績好就可以了，價值觀、企業文化就那麼回事，說來說去就那幾句話，不過是因為別的企業有，我們也要有而已。我不完全這麼認為。賺錢是為了公司的持續發展，為員工提供更好的發展平臺，同時養活一些員工的家庭。當溫飽不成問題時，我們要思考：人活著的意義是什麼？

順豐是一家民營企業，我們做事不是為了向誰有個交代，但我們要對得起自己的良心，對自己有個交代。我這一輩子做得最有意義和正確的一件事就是：讓順豐成為一家有良知、負責任的民營企業。我們這一批順豐人，沒有依靠政府的資助，

沒有坑蒙拐騙，而是老老實實、一步一個腳印，通過大家的共同努力走到現在。我的夢想就是：若干年後，順豐成為民營企業成功的一個案例。我們是一群堅信誠信價值觀的順豐人，我們不為短期利益出賣自己，我們是能夠幹成大事的。當我的人生走到終點，這將是我自己最大的滿足。成敗不重要，關鍵是要有一種精神，這種精神是大家都認可的，能把大家凝聚在一起的。

三年後，順豐是不是能成為中國民族快遞業的驕傲，我們能不能打贏這場與國外對手的保衛仗……也許，最後這都不重要了。因為，我們要讓大家看到的是：在中國的快遞行業中，曾經有這樣一批順豐人，手牽手，心連心，一起努力過；曾經有這樣一家叫順豐的民營企業，能讓對手從心底感到可怕更可敬！人可以輸，但不能輸掉尊嚴；死隨時都可以，但要死得有價值──戰死，好過做俘虜。我們的團隊需要這種視死如歸的軍人氣質。

我覺得，順豐的企業文化正是源自這種正直、誠信、有責任感所體現出來的氣質──我們要做堂堂正正的中國人！大家要真正認識我們的價值觀，這種價值觀是真正能支撐我們實現夢想的，從而理解企業在做什麼，為什麼這樣做……並在理解的基礎上行動起來。

有個高階主管曾說：「那是王衛的夢，他在做夢。」我聽了這句話，感覺很悲哀──如果我們的企業價值觀在總部貫徹都有問題，還奢談什麼貫徹到地區、分部？如果我們管理階

層的核心觀都沒有統一，傳達到地區、基層的價值觀會變成怎樣？

價值觀是整個順豐的靈魂。沒有明確的價值觀，你就不能確立獎懲制度的方向。規章制度永遠不能覆蓋企業發展過程中出現的所有問題，那麼，在對待一些規章制度沒有的問題時，只能依靠價值觀去判斷對錯。如果人家做任何事情的行為標準都是以價值觀來衡量，我相信，你在順豐是絕對沒有問題的。2007、2008 年我們開始提煉順豐的企業文化，其實就是順豐的價值觀，價值觀是企業文化的核心。順豐要想成為最值得依賴和尊敬的中國速運公司，要體現出與其他企業不同氣質的關鍵在於：我們所有的順豐人，特別是高層管理人員，有共同的夢想。

順豐用人的價值觀，並不只是看他的業績好不好，嘴巴甜不甜，我們看中的是你的人品，你的工作態度……失敗不要緊，只要你的態度是全力以赴，我陪著你繼續闖關。但是，如果你沒有盡力，你忽悠我，那不好意思，我不跟你玩。

在地區的管理中，有些涉及錢款的案例，在如何處罰的尺度把握上，有些人說：「這些錢，數額這麼小，有沒有必要處以五類責任？經理、高級經理、區總都受連帶處罰，是不是小題大做？」有些高管還為道德價值觀有問題的人求情——你要搞清楚，這是牽涉到價值觀的原則性問題——價值觀不是用來討論的，也不需要量化。

我把維護順豐的價值觀看得比維護我王衛的面子更重要，

因此，我不會放鬆對公司價值觀有偏差的人的寬容。「不是一家人，不進一個門。」在順豐，和我們的價值觀不一致的人，不管是哪個級別，遲早要走人。我在一些事情的處理上可能有些人會認為比較極端，但如果大家聽完我今天的想法，希望你會理解：我為什麼對一些事情的追求這麼執著，對一些不講誠信的人的處理手法那麼強勢……我並不是要針對誰，因為大家都是我的同事。

大家在網上也看到一些帖子，有一部分是收派員因為遭到一些基層管理者的不公平對待或不誠信在罵公司。罵公司的背後，其實有的是在罵分部經理，因為他看不到經營本部總裁、地區區總，他天天看到的是分部經理，分部經理的言行舉止是公司價值觀的一個縮影。所以，如果你是區總，你千萬要盯著分部經理——他的管制權威、他的一言一行都是你對他的授權，你代表誰？你代表著公司的授權，因為公司認可你。今天，我們要好好再看看這些帖子。看到收派員罵公司，我並不傷心，因為確實是我們的一些工作沒有做好。

只講不做不是我的風格。這麼多年以來，順豐沒有特意地宣講價值觀，我只是想做給大家看——我王衛有沒有講一套做一套？我有沒有追求名利……我敢接受任何挑戰，如果你認為我在哪方面是講一套做一套，指出來，我感激你。如果我個人做不到「陽光」，我沒有資格在這裡和大家講「陽光」，如果我沒有資格和大家講「陽光」，這個企業是沒有陽光大道的。

錢是永遠賺不完的，今天你幾十萬年薪，你會有相應的慾

望；明年你一百多萬年薪，你會有更多的慾望……對我而言，
只有精神上的富有，才是真正的富有。要我犧牲順豐的價值
觀，你開價 40 億美元我都不會動心。因為，順豐的價值觀對
我而言，已經凌駕於名利，甚至生命之上。

2008 年年底

提升內部服務意識

在順豐，我們要堅持以人為本的管理理念。這幾年，在我
們的行動方案裡，一直在強調如何提升內部服務意識，因人
而變地調整管理辦法和改善工作環境。因為我們要「成為最
值得信賴和尊敬的速運公司」，首先要獲得的是員工的信賴和
尊敬。

十七年來，許多 60 後、70 後的同事伴隨公司一路走到現
在，為公司做了很多的貢獻，接下來，我們將看到越來越多的
80 後甚至 90 後走上工作崗位，成為我們的接班人。我們會明
顯地感受到，不同年齡的就業群體對工作本身的認識和個人追
求是有很大差異的，這對公司的管理提出了一個挑戰，我們所
努力要做的，不僅僅是不斷調整管理思路，最大限度地滿足員
工需求，還要真正將這些行動方案落實到位。

1. 管理要因人而變

新一代的年輕人進入公司，對公司的管理尤其是基層管理
來說是一個挑戰，但這同時也是一種機會。隨著就業群體的改

變，公司調整就業模式和管理思路的難度和緊迫性增加增強了，但值得慶倖的是，我們對此早有準備，因為我們一直堅持以人為本的管理理念。

一個好的企業，首先要做到的是獎罰分明，這也是我們順豐現階段在做的工作，這樣做的目的就是要讓員工明白獎罰是有依據的，並不由某個人的偏好來決定的；然後在接下來的三年裡，我希望能做到獎罰對稱，有獎有罰，多增加一些鼓勵的成分；最終我們要達到的是以鼓勵為主來推動我們共同事業的發展，讓大家在這種良性機制下自覺地規範自身的行為，並形成一個良性循環。這些工作，我們會堅持一步步地推行下去，並最終達到我們的目標。

同時，面對新一代的就業群體，我們除了積極地調整用人理念、管理制度和獎懲辦法外，也一直在努力提高公司的資訊化程度和改善員工的工作環境。

我一直認為，投放大量的資源去完成行動方案裡提到的這些改善工作雖然會帶來成本的增加，但是必需且百分之百值得的。因為，只有讓我們所宣導的和公司實際的作為相對稱，才能增強員工對公司的信賴感。從去年開始，公司就組織了中、高層管理人員到基層崗位去學習體驗，目的就是讓管理者親身感受一下一、二線的工作環境，換位思考，提升自己的管理能力，為員工提供更好的服務支援。今年，我們還會加大力度推進這個專案。同時，公司今年會投放三千多萬元的經費到地區，用於基層工作環境改善——為了加快改善速度，公司這

次決定先給預算，然後再根據地區上報的情況制定標準。此外，今年下半年我們會將工作重點放在軟環境改善上，對全網路的工作氛圍和工作配套軟需求組織調查後，再調配相對應的資源。

如何真正化戰略為行動，讓每一個管理者都能切實地將這些因人而變的管理辦法執行到位，始終跟上調整的步伐，是公司最大的挑戰。

2. 讓溝通無障礙

非常坦白地說，我對現在的這種管理狀態也有不滿意的地方。比如說，當一些問題暴露反映出來，去追蹤處理的時候，我們會發現其實很多問題並沒有那麼複雜，只是在溝通的過程中把問題複雜化了。我們很多基層管理者是和公司一起成長起來的，對公司做出了不可或缺的貢獻，但為什麼還會存在這些溝通上的問題呢？這是因為當就業群體發生改變，管理模式和思路也隨之進行調整的時候，我們卻沒有對基層管理者進行相對應的指引，如溝通技巧的輔導等，導致出現一些基層管理上的問題。當然，其中也確實有一些是管理者的責任，我們對此會嚴肅處理。

為了讓溝通更加順暢，公司設有公開的溝通管道，在總部層面，審監委和工會均設有員工投訴熱線，有專人對相關投訴進行跟進。因為我們所從事的這個行業是對整個經濟發揮一定的支撐作用，所以無論如何都不能因為內部溝通不暢而影響到客戶的利益。我們從來都不迴避問題，有什麼話大家都可以攤

開來講，但千萬不要採用一些觸犯原則的極端方式，導致問題升級，最後讓雙方都沒有迴旋餘地。如果因為極端的方式影響了客戶的利益，這就是一個高壓線，是公司絕不能容忍的。換個角度想想，大家除了家人朋友之外，大部分時間和同事在一起，員工之間其實也像是家人，有什麼問題不能慢慢講，有什麼問題講不清楚呢？

為了不斷完善溝通機制，規範問題解決方式，公司這幾年一直在研發一些管理工具，如提高資訊化程度，讓個人需求動態都通過系統追蹤回饋出來等。今年我們會繼續加強對管理人員的溝通技巧培訓，以更好地解決管理階層與員工之間的溝通問題。那種隨意「罰、停崗」等低層次的管理手段是要堅決杜絕的。

我一直相信，只要能夠認真看待員工提出的每一個問題，並真誠地為員工而改變，同時願意投放資源去解決這些問題，我們就一定能做好。當然，這需要我們大家的共同努力。

3. 科學地落實價值觀

在公司快速發展的過程中，順豐的基層管理者是需要承受很多壓力的。這也對這個崗位提出了更高的要求。作為一個合格的基層管理者，要非常理解公司的價值觀和我們所面對的就業群體以及我們所從事的這個行業。比如現在地區反映的一些關於基層管理者的管理風格問題，就暴露出我們有的基層管理者對公司價值觀並不是理解得很透澈，當然我們要先反思，在這一塊公司是否做到位，如果公司沒有給他們相關的價值觀培

訓和宣講，或者對他們的價值觀表現沒有進行定期評估，價值觀裡一些對品德的規定沒有細化到與工作相關的言行舉止中，那我們用什麼來要求他們的行為符合公司的價值觀呢？價值觀決定去留，能力決定上下，如果我們一系列的培訓和評估做到位，那些達不到價值觀要求的管理者理所應當地就該離開現在的管理崗位。

4. 讓最好的員工最快地成長

我們不能苛求每一個基層管理者的管理才能都是天生的，而且，公司在發展，我們也不能等待他們慢慢成長，所以我們必須從公司層面來幫助他們以最快的速度成長。比如我們正在努力將基層管理崗位的需求更加清晰化，並配套設置相對應的技能培訓，然後建包傳授給基層管理者，包括教會他們如何駕輕就熟地工作，如何服務好一、二線員工和客戶，同時還要學會如何使用我們配套的管理工具，並將這些知識發揮到價值最大化。其實我們已經沉澱了很多東西，只是一直還沒有做成一個統一範本。有了這樣的工作範本，再進行資訊系統自動化，就會變成一個為我們的管理人員提供管理、參考和分析的工具，甚至能夠在上面預警一些可能出現的問題，幫他們做好預防。

隨著我們對每個管理崗位需求瞭解的清晰化，一些相對應的認證和課程會推出。到時，只要你具備了晉陞的基本條件，就可以根據自己的發展方向去選擇學習相對應的課程，並獲得相關的管理資格認證。當你達到崗位發展所需要的業績之後，

公司將通過績效面談，考核你是否符合我們的價值觀。結合這三方面，並根據內部不記名投票考評來衡量你是否符合你所申請的管理崗位要求。在順豐，個人的成長是不靠關係的，自己的命運只掌握在自己手裡。員工是因，企業是果，員工們成長了企業才能夠成長，而在員工的成長過程中，我們還要做到讓最好的員工最快地成長。

順豐總裁王衛在企業內刊 2010 年 6 月號的署名文章

關於順豐目前面臨主要經營問題的幾點意見

今年以來，公司經營出現了比較嚴重的問題，集中表現在兩個方面：一是收入成長放緩。2012 年 6 月分，收件同期相比成長 24.2%，比去年同期（42.85%）低 19 個百分點；收入同期相比成長 32.21%，低於去年同期（39.29%）7 個百分點。與此同時，整個行業仍保持高速增長，2012 年上半年，行業收件同期相比成長 51%，收入同期相比成長 39.7%。我們的增速（收件 29.9%、收入 35.4%）明顯低於行業水準。收入成長放緩，且低於行業增速，意味著順豐市場占有率下降（大陸地區市場占有率從 2011 年 6 月的 28.19% 下降到 2012 年 6 月的 26.7%），面臨著十分嚴峻的經營形勢。二是盈利能力下降。2010 年 4 月起，公司的成本增速開始高於收入增速，成本線與收入線之間的差距越拉越大，直到 2012 年 6 月，成本線依然處於收入線的上方，成本費用增幅高於收入增幅意味著

我們在提升資源效能，促進各項成本費用投資合理性方面沒有有效措施，盈利能力受到極大挑戰。

為什麼會出現以上問題？我們應當如何應對？我要談幾點看法：

1. 意識保守僵化，缺乏活力

（1）「靠天吃飯」的慣性思維在繼續。過去幾年公司業務一路高速成長，各級管理者習慣了把主要精力放在內部，閉門苦練內功，漠視市場變化和客戶需求的變化。很多同事習以為常，總認為內部管好了就不愁業務。但是隨著外部形勢的變化，這些慣性思維明顯不合時宜，正在阻礙公司發展。

（2）不求有功，但求無過。創新很難嗎？我們的管理者水準不夠無法創新嗎？都不是。歸根究底，是我們自己害怕創新，怕犯錯，怕承擔責任。久而久之，這種不求有功、但求無過的想法成了主流，創新純粹變成了口號。

（3）內部工作氛圍每況愈下。管理階層缺乏使命感，「多一事不如少一事」，不願開口說話，導致消極的工作狀態逐級向下傳遞，跨部門溝通隔閡、推諉仍在蔓延，使內部工作氛圍每況愈下，給企業帶來巨大內耗。

這些意識層面的問題使我們面對的困難雪上加霜，怎麼辦？首先希望大家清醒地意識到：當前的經營形勢不容樂觀，我們正在喪失應有的市場占有率。管理階層必須樹立以市場為導向、以客戶為中心的經營觀，解開思想枷鎖，從「總部讓我做我才做」轉變到「總部沒有禁止的，我都可以做，總部要

幫我做」；鼓勵在「不違反法律、不偏離戰略」經營底線內的創新。

2. 沒有建立起以市場為導向、以客戶為中心的工作體系

（1）不瞭解市場。今年以來出現了大面積無法完成收入預算的情況，歷次分析都歸過於經濟形勢不好；那為什麼行業增速又很好呢？究竟是經濟形勢不好，用快遞的人少了，還是我們的服務跟不上，用順豐的人少了？

（2）漠視客戶的需求。管理階層有幾個知道自己最重要的客戶是誰？有沒有跟這些客戶保持面對面的交流，瞭解他們對順豐的服務需求？有沒有檢視幾年來順豐的服務是否具有實質性的提升？有沒有試圖通過努力成為客戶唯一的快遞服務商？

（3）對競爭對手的研究浮於表面。我們向來只把國際快遞巨頭或「四通一達」視為競爭對手，進行簡單的動態資訊摘錄，對經營決策幾乎發揮不了輔助作用。事實是，在不同的市場分層中，我們面對的是不同的競爭對手。以重點大客戶開發為例，我們發現中國大型企業的物流和快遞供應商往往是一些小公司、貨代公司，他們在客戶處拿到了「總包」業務量，再把部分甚至大部分業務「轉包」給順豐。這些公司的服務其實是在向客戶提供「解決方案」，靠大腦吃飯；順豐則不幸淪為搬運工，靠體力吃飯。我們在目標客戶、目標市場上的競爭對手究竟是哪些公司，他們報價、運作、服務、管理是怎麼樣的，客戶為什麼會選擇他們而不是我們，這些問題都是需要去深入瞭解和分析的。

我認為解決的方向是：

（1）建立廣泛瞭解客戶需求，及時滿足客戶需求的工作機制。十幾萬員工就是順豐的眼睛和耳朵，可以傾聽顧客的聲音，管理階層則要傾聽員工的聲音，使好的想法變成新的服務、更好的服務。

（2）要以提供「全面解決方案」為目標，為大客戶提供一站式服務，改變客戶結構，豐富產品服務類型，讓大客戶的收入貢獻成為收入結構的主體，而不是把需求還給客戶、交給競爭對手。參觀新加坡橫河電機的經歷讓我們很多同事感到震撼和啟發：從完全定製化的需求出發去拉動生產是可行的；在標準化的平臺上是可以實現定製化服務的；為客戶提供定製化服務並不是對員工素質提出了超高的要求，而是要在系統集成、流程設計、企業文化上下功夫。

（3）要以為客戶實現價值來檢驗我們的品質管制，不能再像過去那樣把品質管制簡單地等同於失誤率指標，而要從客戶需求出發，以提升管理品質為手段來實現品質的提升。

3.「順豐能力」未能創新轉化為「順豐機會」

（1）強大的營運能力未能轉化為市場占有率。公司的營運優勢（如時效管控處於行業領先，龐大營運資源衍生的終端配送優勢等）沒有整合、提煉成解決方案，去迎合客戶需求。以時效為例，某大型 B2B 客戶同時選擇聯邦和順豐為物流供應商，主要考慮「順豐沒有時效承諾而聯邦有」，但使用中客戶發現其實順豐的時效比聯邦更快。這種例子還有很多，一方面

我們自上而下推動非常費力，不知道能賣給誰；另一方面，大量客戶為需求苦惱，卻不知道「順豐有」或「順豐可以有」。

（2）沒有基於品牌優勢創新服務模式。順豐經過多年積累在客戶中建立起可信賴的品牌形象，我們的品牌力是有競爭力的。以「特色經濟」代購為例，客戶在選擇這種服務的時候，順豐不單是可信賴的運輸途徑，更是為客戶選購並對產品品質作保證的可信賴品牌。由此不難想像品牌價值在快速消費品市場為我們帶來的巨大潛力。

（3）沒有通過服務創新去建立與客戶「血肉相連」的關係。現階段中國客戶對服務創新的需求並非高不可攀。我們如果能在現有能力基礎上作小幅度的改進和延伸，就可以率先令客戶滿意，提升客戶黏著度，與客戶「血肉相連」。例如我們對電子商務的服務模式就可以通過研究市場上的「落地配」服務，整合自身的營運操作、倉儲服務、系統對接等能力，打造一個具有強大競爭力的開放服務平臺。

要打破這種被動局面，我們需要從以下方面著手：

（1）戰略澄清。澄清誰是我們的客戶、誰是我們的競爭對手，我們擅長做什麼；哪些是我們可以把握的市場機會、哪些市場占有率是應該獲取和能夠獲取的；怎樣去獲取這些機會和占有率。這些戰略層面的問題在公司內部認知模糊，直接導致創新中的畏首畏尾。

（2）決策程式。目前的產品設計工作方法亟須改變，產品設計應符合或引領客戶的需求，必須經過嚴謹的商業邏輯論

證。每一個產品的策劃至少先回答三個問題：目標客戶是誰（以確定市場容量和銷售物件）、競爭對手是誰（以檢視競爭優勢和制定行銷策略）、自己能力如何（以設計營運模式並確定盈虧平衡點）。

（3）組織分工。職能、經營職責分工調整，使我們增加接觸客戶的機會，具備更專注面對市場、服務客戶的能力；需求管理機制的建立，為經營中的創新需求提供便捷通道。請大家進一步理解和善用這兩點。

4. 利潤來自規模效應、資源效能、流程效率、技術工具

順豐管理階層普遍存在一個錯誤觀念，即「利潤是省出來的」。一強調利潤率，大部分經營者馬上就想到，甚至只會想到控制成本、控制投資。這是非常錯誤的利潤觀，只考慮眼前利益，以犧牲投資來換取好看的利潤率，喪失了可持續發展的動力。

我們需要認識到：公司的每一個職能部門、每一個經營單位都是利潤的責任部門，區別只在於大家對利潤負責的方式不同。經營單位要具備正確的利潤觀念：在經營決策中要考慮投資與生產的關係，通過深入研究區域市場特徵，掌握客戶需求，通過引領創新發展等方式不斷提升投資的有效性，從而創造利潤。職能部門應當具備正確的利潤觀念：不能靠地區省錢來優化成本，而要靠職能本部在更高層面、更大範圍來統籌考慮如何提升資源效能；每一個職能部門對各自負責的資源投入標準負責，兼顧品質與成本的關係，通過精簡優化流程、投放

工具設備、升級技術系統等方式不斷提升資源效能，從而創造利潤。

5. 改革組織績效管理機制，建立績效激勵與問責機制

（1）解決激勵不夠的問題。明年我們會澈底改革目前這種拿年薪、「吃大鍋飯」、比國有企業還國有企業的薪資機制。把工資與效益獎金分開，工資與崗位價值、服務年限等掛鉤，效益獎金與收入目標、核定利潤率掛鉤。

（2）解決壓力不足的問題。我們將提升明年收入目標的合理性，不再放任各業務區根據歷史資料對成長率簡單遞減來做預算，而是會在同期相比的基礎上根據各區的市場總量、市場占有率、公司的發展戰略來確定經營目標，作定期回顧和評價，在同類地區間經營結果表現最差的地區，總部會問責區總並要求限期整改，仍不能改善的會淘汰。

今天我們面臨嚴峻的經營形勢，有「危」更有「機」，重重壓力只會令順豐迸發出更大的能量。「今日的選擇造就明日的順豐」，與各位同仁共勉。

2012 年 9 月 6 日

王衛首次接受專訪：賺到錢只是因緣際會

2011 年 10 月 25 日

談低調：賺到錢只是因緣際會

《羊城晚報》：這是您第一次接受媒體專訪？

王衛：是的，這是我第一次直接面對媒體，今天豁出去了，我能說的，一定言無不盡，但還是不要拍照。我總是站在旁邊的那一個，習慣了享受低調的生活，做一個平常的老百姓、一個凡人很舒服，沒有威脅。

《羊城晚報》：這就是您保持低調作風的原因嗎？

王衛：我信佛，我認為，人的成就和本事是沒有關係的，成就與福報有關係，所以有錢沒有什麼了不起，擁有本事也沒有什麼了不起，賺到錢只是因緣際會而已。所以我認為，個人事業上的一些成績不值得渲染。

談融資：上市會讓企業變得浮躁

《羊城晚報》：有沒有讓順豐上市融資的打算？

王衛：其實這個問題可以回到宗教信仰上來，我認為，做企業的目的不是為了賺錢，我是想做成一個平臺，通過這個平臺我可以實現我的價值和理想。

上市的好處無非是集資，獲得發展企業所需的資金。順豐

也缺錢，但是順豐不能為了錢而上市。上市後，企業就變成了一個賺錢的機器，每天股價的變動都牽動著企業的神經，對企業管理階層的管理是不利的。我做企業，是想讓企業長期發展，讓一批人得到有尊嚴的生活。上市的話，環境將不一樣了，你要為股民負責，你要保證股票不斷上漲，利潤將成為企業存在的唯一目的。這樣，企業將變得很浮躁，和當今社會一樣的浮躁。

《羊城晚報》：您認為上市會對順豐的發展不利嗎？

王衛：是的，做企業應該踏踏實實的，真正想做好企業，不一定要上市，要做基業常青的企業，就要有遠大的遠景，要為未來進行大膽的投資、大量的投資。成為上市公司後，你的每一筆投資都要向股民交代，說服他們這筆投資是有利可圖的，是可以在短期內獲得利潤的，要有業績出來，這個我恐怕做不到，我真的沒有辦法保證對未來的戰略性投資可以有立竿見影的效果，更不能保證我不會失敗，這也違背了我做企業的精神。

同時，中國快遞行業面臨著國際上四大快遞巨頭的競爭，一旦上市，就要資訊披露，企業就要變得透明，這樣將不利於我們制訂戰略性的計畫。作為一家正在快速成長的企業，更需要保護好自己的商業祕密。

所以，作為企業的老闆，你一定要知道你為了什麼而上市。否則，就會陷入佛語說的「背心關法，為法所困」。可以說，順豐在短期內不可能上市，未來也不會為了上市而上市，

為了集資而上市。

談行業：市場步入細分時代

《羊城晚報》：新的《郵政法》頒布後，快遞行業的准入門檻提高了，順豐也從港資企業轉成內資企業，這些變化對順豐有何影響？

王衛：新《郵政法》的頒布其實很及時。從順豐的經營上看，建立一個全國性的網路，投資的錢極其巨大，但從保障消費者的角度考慮，提高門檻很必要，而且我覺得，目前的門檻還算低了。

《羊城晚報》：業界大多認為，快遞行業將進入大整合時期。小型的快遞企業將紛紛關門或者被併購，大型快遞企業最終將澈底壟斷市場占有率的90%以上，最後倖存的快遞企業只會有十家左右。你對此有何看法？

王衛：提高門檻之後，我不認為這會導致很多企業關門。從美國快遞的發展來看，在 FedEx、UPS 等快遞巨頭的統治下，美國還是有大量的小型快遞公司，這類快遞公司的定位大多都是「同城快遞」。所以說，在中國，我覺得未來不會有很多小型快遞公司關門，快遞行業會進入一個細分市場的時期，市場劃分將越來越清楚，不是所有的快遞公司都一定要在全中國鋪設網點的，找準定位最重要。可以說，快遞行業細分市場的時代已經來臨。

順豐年表

1993 年

順豐速運公司在廣東順德創立

在香港特別行政區設立營業網點

1996 年

涉足中國快遞

1997 年

局部壟斷深港貨運

2002 年

全面收權,改為直營,組織結構大變革

在廣東深圳設立總部

2003 年

順豐 1 公斤以內次日達業務從人民幣 15 元漲到了 20 元

與揚子江快運簽下合同,成為中國第一家使用全貨運專機的

民營快遞企業為非典型肺炎的防治工作捐贈中國人民幣 200

萬元

2004 年

營業額達到人民幣 13 億元

為希望工程捐贈人民幣 100 萬元，榮獲廣東省青少年事業發展基金會「捐贈證書」

2006 年

華北總部遷到北京空港物流園

2007 年

在臺灣設立營業網點，覆蓋臺北、桃園、新竹、台中、彰化、嘉義、台南、高雄等主要城市

2008 年

在澳門設立營業網點

「512 大地震，順豐在行動」累計捐款人民幣 937 萬元並捐出可供 3,500 人使用的帳篷，組織 78 名志願者趕赴災區救助和重建

地震後組織員工領養了 76 名孤兒

2009 年

臺灣「莫拉克」颱風，兩岸三地上百名藝人發起「賑災義演」晚會，順豐速運捐款港幣 200 萬

正式成立廣東省順豐慈善基金會

購買飛機，成為中國第一個擁有飛機的民營快遞企業

2010 年

開通對新加坡的國際物流，覆蓋新加坡（除裕廊島、烏敏島外）的全部地區

順豐「E 商圈」開始運營

青海玉樹地震，順豐新成立的航空公司無償為災區運送 42 組近 25 噸的發電機組，同時為災區捐款人民幣 1,000 萬

2011 年

開通對日本、韓國、馬來西亞的國際物流，覆蓋韓國全境

順豐電子商務有限公司註冊成立

順豐與 7-11 結盟，同時推出自營便利商店

順豐寶獲得經營協力廠商支付牌照

2012 年

開通對美國的國際物流

順豐退出尊禮會，涉足電子商務

順豐優選正式上線

順豐優選原 CEO 劉淼退位，集團副總裁李東起上任

2013 年

開通對泰國的國際物流

順豐優選常溫配送增至 74 城

首次融資，三大入股機構約占 25% 的股份

2014 年

開通對俄羅斯全境的小包專線業務

順丰，不只快遞：
王衛與他火速崛起的物流帝國

作　　　者	李琦晨
發 行 人	林敬彬
主　　　編	楊安瑜
責 任 編 輯	黃谷光
內 頁 編 排	張芝瑜（帛格有限公司）
封 面 設 計	林鼎淵
出　　　版	大都會文化事業有限公司
發　　　行	大都會文化事業有限公司
	11051台北市信義區基隆路一段432號4樓之9
	讀者服務專線：(02)27235216
	讀者服務傳真：(02)27235220
	電子郵件信箱：metro@ms21.hinet.net
	網　　　址：www.metrobook.com.tw
郵 政 劃 撥	14050529 大都會文化事業有限公司
出 版 日 期	2015年01月初版一刷
定　　　價	280元
Ｉ Ｓ Ｂ Ｎ	978-986-5719-39-5
書　　　號	Success-075

Chinese (complex) copyright © 2015 by Metropolitan
Culture Enterprise Co., Ltd.
4F-9, Double Hero Bldg., 432, Keelung Rd., Sec. 1,
Taipei 11051, Taiwan
Tel:+886-2-2723-5216　Fax:+886-2-2723-5220
Web-site:www.metrobook.com.tw
E-mail:metro@ms21.hinet.net

◎本書如有缺頁、破損、裝訂錯誤，請寄回本公司更換。

國家圖書館出版品預行編目(CIP)資料

順丰，不只快遞：王衛與他火速崛起的物流帝國／
李琦晨著. -- 初版.-- 臺北市：大都會文化,
2015. 01

272面；21×14.8公分.

ISBN 978-986-5719-39-5（平裝）
1.王衛　2.學術思想　3.企業管理

494　　　　　　　　　　　　　　　103026321

大都會文化 讀者服務卡

書名：**順丰，不只快遞：王衛與他火速崛起的物流帝國**

謝謝您選擇了這本書！期待您的支持與建議，讓我們能有更多聯繫與互動的機會。

A. 您在何時購得本書：＿＿＿＿年＿＿＿＿月＿＿＿＿日

B. 您在何處購得本書：＿＿＿＿＿＿＿＿書店，位於＿＿＿＿＿＿＿＿(市、縣)

C. 您從哪裡得知本書的消息：

　　1.□書店　　2.□報章雜誌　3.□電台活動　　4.□網路資訊

　　5.□書籤宣傳品等　6.□親友介紹　7.□書評　8.□其他

D. 您購買本書的動機：（可複選）

　　1.□對主題或內容感興趣　2.□工作需要　3.□生活需要

　　4.□自我進修　5.□內容為流行熱門話題　6.□其他

E. 您最喜歡本書的：（可複選）

　　1.□內容題材　2.□字體大小　3.□翻譯文筆　4.□封面　5.□編排方式　6.□其他

F. 您認為本書的封面：1.□非常出色　2.□普通　3.□毫不起眼　4.□其他

G.您認為本書的編排：1.□非常出色　2.□普通　3.□毫不起眼　4.□其他

H. 您通常以哪些方式購書:(可複選)

　　1.□逛書店　2.□書展　3.□劃撥郵購　4.□團體訂購　5.□網路購書　6.□其他

I. 您希望我們出版哪類書籍：（可複選）

　　1.□旅遊　2.□流行文化　3.□生活休閒　4.□美容保養　5.□散文小品

　　6.□科學新知　7.□藝術音樂　8.□致富理財　9.□工商企管　10.□科幻推理

　　11.□史哲類　12.□勵志傳記　13.□電影小說　14.□語言學習（＿＿＿＿語）

　　15.□幽默諧趣　16.□其他

J. 您對本書(系)的建議：

＿＿

K. 您對本出版社的建議：

＿＿

讀者小檔案

姓名：＿＿＿＿＿＿＿＿　性別：□男 □女　生日：＿＿＿年＿＿月＿＿日

年齡：□20歲以下 □21～30歲 □31～40歲 □41～50歲 □51歲以上

職業：1.□學生 2.□軍公教 3.□大眾傳播 4.□服務業 5.□金融業 6.□製造業

　　　7.□資訊業 8.□自由業 9.□家管 10.□退休 11.□其他

學歷：□國小或以下 □國中 □高中／高職 □大學／大專 □研究所以上

通訊地址：＿＿＿＿＿＿＿＿＿＿＿＿＿＿＿＿＿＿＿＿＿＿＿＿＿＿＿＿＿＿＿＿＿

電話：（H）＿＿＿＿＿＿＿＿＿（O）＿＿＿＿＿＿＿＿＿ 傳真：＿＿＿＿＿＿＿

行動電話：＿＿＿＿＿＿＿＿＿ E-Mail：＿＿＿＿＿＿＿＿＿＿＿＿＿＿＿＿＿＿＿

◎謝謝您購買本書，歡迎您上大都會文化網站（www.metrobook.com.tw）登錄會員，或至
　Facebook（www.facebook.com/metrobook2）為我們按個讚，您將不定期收到最新的圖
　書訊息與電子報。

順丰 NOT JUST EXPRESS
，不只快遞！！

北 區 郵 政 管 理 局
登記證北台字第9125號
免 貼 郵 票

大都會文化事業有限公司
讀 者 服 務 部 收
11051台北市基隆路一段432號4樓之9

寄回這張服務卡〔免貼郵票〕
您可以：
◎不定期收到最新出版訊息
◎參加各項回饋優惠活動